近江崇宏・野村俊一 著

点過程の時系列解析

統計学 One Point 14

共立出版

「統計学 One Point」編集委員会

鎌倉稔成　　　（中央大学理工学部，委員長）
江口真透　　　（統計数理研究所）
大草孝介　　　（九州大学大学院芸術工学研究院）
酒折文武　　　（中央大学理工学部）
瀬尾　隆　　　（東京理科大学理学部）
椿　広計　　　（統計数理研究所）
西井龍映　　　（九州大学マス・フォア・インダストリ研究所）
松田安昌　　　（東北大学大学院経済学研究科）
森　裕一　　　（岡山理科大学経営学部）
宿久　洋　　　（同志社大学文化情報学部）
渡辺美智子　　（慶應義塾大学大学院健康マネジメント研究科）

「統計学 One Point」刊行にあたって

　まず述べねばならないのは，著名な先人たちが編纂された共立出版の『数学ワンポイント双書』が本シリーズのベースにあり，編集委員の多くがこの書物のお世話になった世代ということである．この『数学ワンポイント双書』は数学を理解する上で，学生が理解困難と思われる急所を理解するために編纂された秀作本である．

　現在，統計学は，経済学，数学，工学，医学，薬学，生物学，心理学，商学など，幅広い分野で活用されており，その基本となる考え方・方法論が様々な分野に散逸する結果となっている．統計学は，それぞれの分野で必要に応じて発展すればよいという考え方もある．しかしながら統計を専門とする学科が分散している状況の我が国においては，統計学の個々の要素を構成する考え方や手法を，網羅的に取り上げる本シリーズは，統計学の発展に大きく寄与できると確信するものである．さらに今日，ビッグデータや生産の効率化，人工知能，IoT など，統計学をそれらの分析ツールとして活用すべしという要求が高まっており，時代の要請も機が熟したと考えられる．

　本シリーズでは，難解な部分を解説することも考えているが，主として個々の手法を紹介し，大学で統計学を履修している学生の副読本，あるいは大学院生の専門家への橋渡し，また統計学に興味を持っている研究者・技術者の統計的手法の習得を目標として，様々な用途に活用していただくことを期待している．

　本シリーズを進めるにあたり，それぞれの分野において第一線で研究されている経験豊かな先生方に執筆をお願いした．素晴らしい原稿を執筆していただいた著者に感謝申し上げたい．また各巻のテーマの検討，著者への執筆依頼，原稿の閲読を担っていただいた編集委員の方々のご努力に感謝の意を表するものである．

編集委員会を代表して　鎌倉稔成

まえがき

　点過程の時系列は時間軸上で不規則に起こる事象（イベント）の時系列である．本書は，研究や実務において点過程の時系列データを解析することを念頭におき，それに必要な点過程の理論や点過程のモデルをデータから推定する方法を，基礎から体系的にわかりやすく解説することを目的としている．対象としては，初等的な確率・統計についての知識をもっている読者を想定しているが，本書で必要になる事項についてはできるだけ本書内で解説を行うように心がけた．

　点過程は潜在的に幅広い応用の対象をもっているにもかかわらず，点過程の理論・応用についての入門書は，筆者の知る限りこれまでなかったように思える．これは，10年ほど前までは点過程の応用研究が行われていた分野が限られていたことに原因があるのではないかと考えられる．点過程は1980年頃から地震活動の解析に用いられるようになり，大きな成功を収めた．また2000年頃からは神経回路網での神経細胞のスパイク信号の解析にも点過程が用いられるようになった．このような点過程の応用研究での成功の一方で，応用分野は長い間，主にこの二つに限られていた．しかしながら，この10年でその状況は大きく変わり，今日では応用の範囲は急速に拡大している．その背景として，情報技術の発展により様々なシステムの大量のデータの観測・記録が可能になり，点過程の時系列データも多く蓄積されるようになったからである．その典型的な例が金融取引の高頻度データ（すべての取引の情報が記録されたデータ）であり，この高頻度データを解析するために，2010年頃から金融経済学でも点過程が用いられるようになった．また近年，実社会やSNS上の人の行動データを解析するためにも，点過程が用いられるようになっている．このような背景から，ますます重要性が増している点過程の時系列解析に関する体系的かつ実践的な専門書を提供することは，この分野の研究者として重要な

使命であると考えている．そして本書がその役割を果たせれば望外の喜びである．

　本書は主に第1〜3, 5, 7, 8章を近江が担当し，第4, 6章を野村が担当した．本書の執筆の機会を与えてくださった鎌倉稔成先生（中央大学）や，原稿にコメントいただいた尾形良彦先生（統計数理研究所）には，この場を借りて御礼を申し上げたいと思います．また，編集委員と閲読者の方々からも詳細なコメントをいただき，とても感謝しております．また，近江は（株）構造計画研究所から支援を受けており，そのことに関しても感謝の意を表したいと思います．

　なお，本書で用いたコードの一部や誤植などは www.kyoritsu-pub.co.jp/bookdetail/9784320112650 から確認してほしい．

2019年4月

近江崇宏・野村俊一

目　次

第1章　はじめに　　*1*
- 1.1　点過程の時系列解析 ………………………………………………… *1*
- 1.2　確率の基礎 ……………………………………………………………… *5*
  - 1.2.1　離散確率分布 ……………………………………………………… *6*
  - 1.2.2　連続確率分布 ……………………………………………………… *7*
  - 1.2.3　多変数の確率分布 ………………………………………………… *8*
  - 1.2.4　確率変数の変数変換 ……………………………………………… *9*
  - 1.2.5　条件付き期待値と繰り返し期待値の法則 …………………… *11*
  - 1.2.6　モーメント母関数 ………………………………………………… *12*
  - 1.2.7　ラプラス変換 ……………………………………………………… *13*

第2章　ポアソン過程　　*17*
- 2.1　定常ポアソン過程 …………………………………………………… *18*
  - 2.1.1　確率密度関数 ……………………………………………………… *19*
  - 2.1.2　イベント数の分布 ………………………………………………… *22*
  - 2.1.3　イベント数が与えられたときの条件付き確率密度関数 … *26*
  - 2.1.4　イベント間間隔・待ち時間の分布 …………………………… *26*
- 2.2　非定常ポアソン過程 ………………………………………………… *29*
  - 2.2.1　確率密度関数 ……………………………………………………… *29*
  - 2.2.2　定常ポアソン過程との関係：時間変換定理 ………………… *31*
  - 2.2.3　イベント数の分布 ………………………………………………… *34*
  - 2.2.4　イベント間間隔・待ち時間の分布 …………………………… *35*

第3章　点過程の一般論　　*37*
- 3.1　条件付き強度関数 …………………………………………………… *37*

目次

- 3.2 確率密度関数 38
- 3.3 時間変換定理 40
- 3.4 定常な点過程 41

第4章 更新過程　　45

- 4.1 $\mathbb{R}^+$ 上の更新過程 45
  - 4.1.1 確率密度関数 46
  - 4.1.2 イベント数の分布 48
  - 4.1.3 条件付き強度関数 50
  - 4.1.4 待ち時間の分布 51
  - 4.1.5 更新過程に用いられる確率分布 52
- 4.2 $\mathbb{R}$ 上の定常更新過程 56
  - 4.2.1 平均強度関数 57
  - 4.2.2 イベント数の分布 58
  - 4.2.3 確率密度関数 60
  - 4.2.4 条件付き強度関数 61
  - 4.2.5 待ち時間の分布 62
- 4.3 更新過程を特徴付ける指標 63
  - 4.3.1 イベント間間隔の変動係数 64
  - 4.3.2 イベント数のFano因子 65
- 4.4 非定常更新過程 66
  - 4.4.1 確率密度関数 67
  - 4.4.2 イベント数の分布 68
  - 4.4.3 イベント間間隔の分布 68
  - 4.4.4 条件付き強度関数 69
- 付録 4.A 証明 70
  - 4.A.1 Elementary renewal theorem の証明（式 (4.13)）...... 70
  - 4.A.2 $F_T = CV^2$ の証明（式 (4.46)）...... 72
- 付録 4.B ハザード関数，生存関数および待ち時間の分布の関係 73

第5章　Hawkes 過程　　77

- 5.1 確率密度関数 …………………………………………………… 79
- 5.2 定常性 (1) ………………………………………………………… 80
- 5.3 定常性 (2) ………………………………………………………… 81
- 5.4 分枝過程としての Hawkes 過程 ………………………………… 84
  - 5.4.1 時間構造のない分枝過程 ………………………………… 84
  - 5.4.2 時間構造を取り入れた分枝過程 ………………………… 86
- 5.5 イベント数の分布 ………………………………………………… 88

第6章　マーク付き点過程　　93

- 6.1 マーク付き点過程の性質 ………………………………………… 93
  - 6.1.1 条件付き強度関数 ………………………………………… 94
  - 6.1.2 確率密度関数 ……………………………………………… 95
  - 6.1.3 イベントの発生時刻が与えられたときのマークの条件付き分布 ……………………………………………… 96
- 6.2 複合点過程 ………………………………………………………… 97
  - 6.2.1 複合点過程のモーメント ………………………………… 98
  - 6.2.2 複合ポアソン過程の合成と分解 ………………………… 99
- 6.3 Hawkes 過程のマーク付き点過程への拡張 …………………… 101
  - 6.3.1 イベント毎に影響力の異なるモデル …………………… 101
  - 6.3.2 時空間モデル ……………………………………………… 102
  - 6.3.3 多次元モデル ……………………………………………… 103

第7章　点過程のシミュレーション　　105

- 7.1 乱数の生成 ………………………………………………………… 105
  - 7.1.1 逆変換法 …………………………………………………… 106
  - 7.1.2 棄却法 ……………………………………………………… 107
  - 7.1.3 各種の確率分布に従う乱数の生成方法 ………………… 108
- 7.2 ポアソン過程のシミュレーション ……………………………… 113
  - 7.2.1 定常ポアソン過程 ………………………………………… 113

  7.2.2　非定常ポアソン過程 …………………………………… *114*
 7.3　更新過程のシミュレーション ………………………………… *117*
 7.4　Hawkes過程のシミュレーション ……………………………… *119*

第8章　点過程の統計推定と診断解析　*123*

 8.1　最尤法 ……………………………………………………………… *123*
  8.1.1　最尤法と標準誤差 ………………………………………… *123*
  8.1.2　数値計算を用いた最尤推定 ……………………………… *127*
  8.1.3　赤池情報量規準によるモデル選択 ……………………… *133*
 8.2　診断解析 …………………………………………………………… *138*
 付録8.A　数値最適化の手法 ………………………………………… *142*
 付録8.B　対数尤度関数とその勾配の計算 ………………………… *146*
  8.B.1　非定常ポアソン過程 ……………………………………… *146*
  8.B.2　Hawkes過程 ……………………………………………… *147*

参考文献　*153*

索　　引　*155*

第 1 章

はじめに

1.1 点過程の時系列解析

　点過程とは空間上にランダムに分布する「点」の集合に関する確率過程である．時系列解析の文脈では，「点」はその時刻にある着目する「イベント」が発生したことを表している．ここで，「イベント」は一瞬のうちに起こるような現象ならばどのようなものを考えてもよく，その例としては様々なものを考えることができる．例えば，ある店にお客さんが来る，ある市で交通事故が起こる，または携帯電話にメールが届くといったことは身近な例である．自然科学の文脈では，地震の発生，脳の神経細胞のスパイク発火，遺伝子の発現などの例が考えられる．社会科学の文脈では，金融市場において金融商品の取引が成立する，価格が変動するといったような事象や，SNS 上でユーザーが投稿を行うといったことも，例として考えられる．

　点過程の時系列は主にそれぞれのイベントの発生時刻の集合として特徴付けられる．以下では，ある観察期間 $[0, T]$ に全部で n 個のイベントが起きたとき，それぞれのイベントの発生時刻を t_i で表し $(i = 1, 2, \ldots, n)$，それらの集合を $\bm{t}_n = \{t_1, t_2, \ldots, t_n\}$ で表すことにしよう．特に言及がない場合には，発生時刻は順序付けられている，つまり $0 < t_1 < t_2 < \cdots < t_n < T$ を満たすとする．

　ここで，ある人がメールを送信するというイベントについての点過程

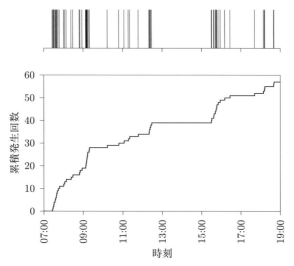

図 1.1 点過程の時系列の例．ここではある人がメールを送信したことをイベントとして見なし，ある日のデータをプロットしたものである．上のパネルは縦棒のプロットされた位置がイベントの起こった時刻を表している．下のパネルはイベントの累積発生回数を時間の関数としてプロットしたものである．

を考えよう．図 1.1 はある人がある 1 日にメールの送信を行った時刻を示したものである[1]．多くの場合，図中の上のパネルのように，イベントが起こった時刻に縦棒をプロットすることで点過程を表現する．しかしながら，この図からはイベントが集中して発生している部分の様子を把握するのが難しい．そこで，図中の下のパネルのように，各時刻に対してそれまでに発生したイベント数をプロットするようなこともある．この方法だと，イベントが密に起こっている区間でも，どの程度の数のイベントが発生したかということがよくわかる．ここで，ある区間 $[x, y]$ に発生したイベント数を $N(x, y)$ で表すとすると，図中の下のパネルは時刻 t の関数 $N(0, t)$ をプロットしたことに対応している．イベント発生時刻の集合 $\boldsymbol{t}_n$ と $N(0, t)$ は一対一に対応する．また，$N(0, t)$ が時刻 t の関数であるとき，$N(0, t)$ は**計数過程** (counting process) と呼ばれる．

---

[1] Enron Email Dataset(https://www.cs.cmu.edu/~enron) のデータを用いた．

点過程の時系列はそれぞれのイベントの発生時刻によって主に特徴付けられるということを述べたが，イベントが発生時刻以外に何らかの情報をもっていることもある．例えば地震を例にすると，地震は発生時刻だけでなく規模や発生場所などの情報をもっている．このようなときには，その点過程は特に**マーク付き点過程** (marked point process) と呼ばれる．

現実に現れる多くの点過程では，イベントが発生する時刻にはある程度のランダム性が伴っている．つまり，我々はイベントが起こる時刻を正確に予測することはできないし，あるいは同じ条件下で繰り返された実験でもイベントの配置は毎回異なっている．そのため，点過程ではイベントの発生を確率的なプロセスとして扱い，それぞれのイベントの発生時刻を確率変数として扱う．点過程はこの点において，時系列解析の分野でよく扱われる定期的に何らかの量が観測されるようなタイプの時系列とは大きく性質が異なっており，異なるアプローチが必要になる．

本書ではまず，いくつかの点過程の確率モデルを導入し，それぞれの特徴について解説を行う．まず第2章では，最も基礎的なモデルである**ポアソン過程** (Poisson process) を扱う．ポアソン過程はイベントが互いに独立に発生することを仮定したモデルである．第3章では，イベントの発生が過去のイベントの発生履歴に依存するような点過程のモデルについての一般論の解説を行う．第4章，第5章では，そのようなモデルの具体例としてよく用いられる**更新過程** (renewal process) や **Hawkes過程** (Hawkes process) を扱う．第6章ではマーク付き点過程を扱う．

それぞれのモデルの特徴を解説する際には，主に以下のような点に着目する．

●強度・強度関数・条件付き強度関数

点過程のモデルを定義する方法は色々考えられるが，本書では主にイベントの瞬間的な発生のしやすさを表す**強度** (intensity) を用いる．強度が時間に応じて変化するときには，各時刻の強度は**強度関数** (intensity function) によって表され，さらにイベントの発生履歴にも依存する場合には**条件付き強度関数** (conditional intensity function) によって表され

る．これらの関数はイベントの生成過程に対して直感的な理解を与えるだけでなく，点過程の理論，シミュレーションおよび統計推定において中心的な役割を果たす．また，それ以外の方法によりモデルを定義した場合でも，これらは一意に決まるものである．

●点過程の確率密度関数

点過程ではイベントの発生時刻 t_i は確率変数として扱われ，ある観測区間 $[0,T]$ に得られるイベントの配置 $\bm{t}_n$ は試行毎に異なる．そのため，あるイベントの配置がどのくらい起こりやすいかを表す確率密度関数 $p_{[0,T]}(\bm{t}_n)$ は，それぞれのモデルを特徴付ける最も重要な量である．以下では単に点過程に対する確率密度関数といった場合には，このイベントの配置 $\bm{t}_n$ に対する確率密度関数 $p_{[0,T]}(\bm{t}_n)$ を指すものとする．

●イベント数の分布

点過程では，ある観察期間に得られるイベント数 n も試行毎に異なる確率変数である．そのため，イベント数がどのような確率分布に従うのかということは，点過程を特徴付ける上で重要である．複数回の観測データが与えられている場合には，イベント数の分布はデータから容易に調べることができるため，データを特徴付ける上でも重要である．

●イベント間間隔・待ち時間の分布

ある時刻から次のイベントが発生するまでの時間がどのような分布に従うかということも，主要な興味の一つである．あるイベントが起こってから次のイベントが起こるまでの時間は**イベント間間隔** (inter-event interval) と呼ばれ，点過程を特徴付ける重要な量である．本書ではイベント間間隔を表すのに $\tau_i = t_{i+1} - t_i$ の表記を用いる．第 4 章で扱う更新過程ではイベント間間隔の従う確率分布が，点過程のモデルを定義するのに中心的な役割を果たす．イベント数の分布と同様に，イベント間間隔の分布もデータから調べることが容易であるため，データを特徴付ける上でも重要である．また，イベントの発生に関係なく，ある任意の時刻から

次のイベントが発生するまでの時間は**待ち時間** (waiting time) と呼ばれ，この性質についても説明する．

●シミュレーション

第7章では与えられた点過程のモデルから，それに従うイベント列を生成するための方法，つまりイベントのシミュレーションを行う方法について解説する．イベントのシミュレーションは，将来のイベント発生を予測する場合や，ある種の問題に対して統計的な評価を行うときに有用である．

以上のように，第1章〜第7章ではある点過程のモデルが与えられたときに，イベントがどのように分布するかという問題を扱う．第8章ではその逆，つまり与えられたイベントのデータから，それに適合する点過程のモデルをどのように得るかという統計推定の問題を扱う．そのために，データからモデルのパラメータを決める方法や，複数のモデルから最も良いモデルを選ぶ方法などについて解説する．また最終的に得られたモデルがデータの特徴をよく再現しているのかどうかを確認する方法についても解説する．統計推定においては，上で述べた点過程の確率密度関数が尤度関数として中心的な役割を果たす．

1.2 確率の基礎

これまで説明してきたように，点過程は確率過程として定式化されるため，本書を理解するためには確率についての基礎的な理解が必要になる．そこで，本節では本書を理解する上で必要な確率の基礎事項の導入を行う．初等的な確率の知識を習得している読者は本節を読み飛ばしても差し支えない．

確率を扱う際には，実現可能なすべての状態に対して，それぞれが実現する確率を割り当てる**確率分布**が中心的な役割を果たす．そのため，ここでは確率分布の性質についての説明を中心に行う．

本書では，ある事象が起こる確率を表すのに $P(\cdot)$ の記号を用いるが，式の複雑さに応じて $P[\cdot]$ という記号を用いることもある．

1.2.1 離散確率分布

離散的な確率変数 K を考えよう．本書では，イベント数のように非負の整数に対する確率分布をよく扱うため，ここでも K は非負の整数であるとする．以下では，確率変数 K がある実現値 k をとる確率 $P(K = k)$ を，表記上の簡易さのため単に $P(k)$ と書くことにする．離散的な確率変数に対する確率分布は

$$P(k) \geq 0 \tag{1.1}$$

$$\sum_{k=0}^{\infty} P(k) = 1 \tag{1.2}$$

を満たす．離散確率分布の期待値 $E[K]$ と分散 $V[K]$ はそれぞれ

$$E[K] = \sum_{k=0}^{\infty} k P(k) \tag{1.3}$$

$$V[K] = \sum_{k=0}^{\infty} (k - E[K])^2 P(k) \tag{1.4}$$

で定義される．分散 $V[K]$ は K, K^2 の期待値 $E[K], E[K^2]$ を用いて

$$V[K] = E[K^2] - E[K]^2 \tag{1.5}$$

とも表せる．

また，累積分布 $P(K \leq k) = \sum_{l=0}^{k} P(l)$ と期待値 $E[K]$ の間には

$$\sum_{k=0}^{\infty} [1 - P(K \leq k)] = \sum_{k=0}^{\infty} P(K > k) = \sum_{k=0}^{\infty} \sum_{l=k+1}^{\infty} P(l) = \sum_{k=1}^{\infty} k P(k)$$
$$= E[K] \tag{1.6}$$

という関係式がある．

1.2.2 連続確率分布

連続的な確率変数 X を考えよう．連続的な確率変数に対する確率分布を考える際には確率密度関数を用いる．確率密度関数 $p(x)$ は，ある実現値 x の相対的な起こりやすさを与えるもので，

$$p(x) \geq 0 \tag{1.7}$$

$$\int_{-\infty}^{\infty} p(x) dx = 1 \tag{1.8}$$

を満たす．確率密度関数 $p(x)$ は，X の実現値が微小な幅の区間 $[x, x+dx]$ に含まれる確率を

$$P(x < X < x + dx) = p(x) dx \tag{1.9}$$

と与え，X の実現値がある区間 $[x_1, x_2]$ に含まれる確率を

$$P(x_1 < X < x_2) = \int_{x_1}^{x_2} p(x) dx \tag{1.10}$$

と与える．

また連続確率分布を特徴付けるのに，実現値がある値 x 以下である確率 $P(X \leq x)$ を表す累積分布関数 $F(x)$ を用いることもできる．累積分布関数 $F(x)$ と確率密度関数 $p(x)$ の間には

$$F(x) = \int_{-\infty}^{x} p(s) ds \tag{1.11}$$

$$\frac{dF}{dx} = p(x) \tag{1.12}$$

の関係がある．

連続確率分布の期待値 $E[X]$ と分散 $V[X]$ はそれぞれ

$$E[X] = \int_{-\infty}^{\infty} x p(x) dx \tag{1.13}$$

$$V[X] = \int_{-\infty}^{\infty} (x - E[X])^2 p(x) dx \tag{1.14}$$

で定義される．離散確率分布のときと同様に，分散は

$$V[X] = E[X^2] - E[X]^2 \qquad (1.15)$$

とも表せる．

連続確率分布の定義域が $x \geq 0$ の場合には，累積分布関数 $F(x)$ と期待値 $E[X]$ との間には，

$$\begin{aligned}
\int_0^\infty [1 - F(x)]\,dx &= \int_0^\infty \left[\int_x^\infty p(y)dy\right] dx \\
&= \int_0^\infty \left[\int_0^y p(y)dx\right] dy \\
&= \int_0^\infty yp(y)dy \\
&= E[X] \qquad (1.16)
\end{aligned}$$

の関係式がある．

1.2.3 多変数の確率分布

複数の離散的な確率変数 $K_1, K_2, \ldots, K_m$ を考えよう．これらが同時にある実現値 $k_1, k_2, \ldots, k_m$ をとる確率 $P(K_1 = k_1, K_2 = k_2, \ldots, K_m = k_m)$ は**同時確率** (joint probability) と呼ばれる．以下では，これを単に $P(k_1, k_2, \ldots, k_m)$ と書くことにする．このような複数の確率変数に対する確率分布は**同時分布** (joint distribution) と呼ばれる．

同時確率には，ある一つの確率変数に関して，他の確率変数は固定したまま，すべての実現値にわたって確率を足し合わせると，残りの確率変数に対する同時確率が得られるという性質がある：

$$P(k_1, k_2, \ldots, k_{m-1}) = \sum_{k_m} P(k_1, k_2, \ldots, k_m). \qquad (1.17)$$

これは**確率の和則** (sum rule) と呼ばれる．また，$K_1, K_2, \ldots, K_{m-1}$ がそれぞれ $k_1, k_2, \ldots, k_{m-1}$ をとるという条件のもとで，K_m が k_m をとる確率 $P(K_m = k_m | K_1 = k_1, K_2 = k_2, \ldots, K_{m-1} = k_{m-1})$ は**条件付き確率** (conditional probability) と呼ばれる．以下では，これを単に $P(k_m | k_1, k_2, \ldots, k_{m-1})$ と書くことにする．このような他の確率変数の実現値が与

えられているときの確率分布は**条件付き分布** (conditional distribution) と呼ばれる．条件付き確率と同時確率の間には

$$P(k_1, k_2, \ldots, k_m) = P(k_m|k_1, k_2, \ldots, k_{m-1})P(k_1, k_2, \ldots, k_{m-1}) \tag{1.18}$$

の関係があり，これは**確率の積則** (product rule) と呼ばれる．

もし，それぞれの確率変数の確率分布が他の確率変数の実現値によらないならば，確率変数は**互いに独立**であるという．このときには，同時確率はそれぞれの確率の積で書き表される：

$$P(k_1, k_2, \ldots, k_m) = \prod_{i=1}^{m} P(k_i). \tag{1.19}$$

これまでは離散的な確率変数の場合を考えてきたが，これまで説明してきたことは連続的な確率変数に対しても同様に成り立つ．連続的な確率変数 $X_1, X_2, \ldots, X_m$ の同時確率密度関数を $p(x_1, x_2, \ldots, x_m)$ としよう．このとき，確率の和則・積則は確率密度関数に対して

$$p(x_1, x_2, \ldots, x_{m-1}) = \int_{-\infty}^{\infty} p(x_1, x_2, \ldots, x_m) dx_m \tag{1.20}$$

$$p(x_1, x_2, \ldots, x_m) = p(x_m|x_1, x_2, \ldots, x_{m-1})p(x_1, x_2, \ldots, x_{m-1}) \tag{1.21}$$

が成り立つ．また確率変数が互いに独立なときには，確率密度関数に対して

$$p(x_1, x_2, \ldots, x_m) = \prod_{i=1}^{m} p(x_i) \tag{1.22}$$

が成り立つ．

1.2.4 確率変数の変数変換

連続的な確率変数 X に適当な変換を行うことにより，新たな確率変数 $Y = G(X)$ を得たとしよう（G は微分可能な単調関数であるとする）．こ

のとき，Y が従う確率密度関数 $p_Y(y)$ は X の従う確率密度関数 $p_X(x)$ とどのような関係にあるだろうか？　この変換により，微小な区間 $[x, x+dx]$ が $[y, y+dy]$ になったとしよう．X の実現値が $[x, x+dx]$ に含まれる確率 $p_X(x)dx$ と Y の実現値が $[y, y+dy]$ に含まれる確率 $p_Y(y)dy$ は等しいことから，

$$p_X(x)dx = p_Y(y)dy \tag{1.23}$$

が成り立つ．よって，$p_Y(y)$ は

$$p_Y(y) = p_X(G^{-1}(y)) \left| \frac{dG^{-1}}{dy} \right| \tag{1.24}$$

または，

$$p_Y(y) = p_X(G^{-1}(y)) \left| \frac{dG}{dx} \right|_{x=G^{-1}(y)} \bigg|^{-1} \tag{1.25}$$

と求めることができる（変数変換の公式）．ただし，ここで G^{-1} は G の逆関数である．

次に，多変数の場合について考えよう．連続的な確率変数 $X_1, X_2, \ldots, X_n$ が確率密度関数 $p_X(x_1, x_2, \ldots, x_n)$ に従っているときに，変数変換により得られた確率変数を $Y_i = G_i(X_1, X_2, \ldots, X_n)$ ($i = 1, 2, \ldots, n$) としよう．ここでは，この変数変換 G_i は微分可能かつ単射であるとする．このときに，確率変数 $Y_1, Y_2, \ldots, Y_n$ の従う確率密度関数 $p_Y(y_1, y_2, \ldots, y_n)$ は，

$$p_Y(y_1, y_2, \ldots, y_n) = p_X(x_1, x_2, \ldots, x_n) |\det(J^{x,y})| \tag{1.26}$$

で与えられる．ただし，ここで $J^{x,y} \in \mathbb{R}^{n \times n}$ は (i,j) 成分が $\partial x_i / \partial y_j$ で与えられるヤコビ行列であり，$|\det(\cdot)|$ は行列式の絶対値を表している．

また，(i,j) 成分が $\partial y_i / \partial x_j$ で与えられる行列 $J^{y,x} \in \mathbb{R}^{n \times n}$ を用いると，

$$|\det(J^{x,y})| = |\det(J^{y,x})|^{-1} \tag{1.27}$$

の関係式から，式 (1.26) は

$$p_Y(y_1, y_2, \ldots, y_n) = p_X(x_1, x_2, \ldots, x_n)|\det(J^{y,x})|^{-1} \quad (1.28)$$

とも表される．

1.2.5　条件付き期待値と繰り返し期待値の法則

　本項では，多変数の確率分布に対して，確率変数の期待値や分散を計算する際に有用な性質について解説する．ここでは主に連続型の確率変数を用いて解説を行うが，以下のことは離散型の確率変数でも同様に成り立つ．確率変数 X, Y が確率密度関数 $p(x, y)$ に従うとしよう．X の実現値が与えられたときの Y の期待値 $E[Y|X]$ は**条件付き期待値**と呼ばれ，

$$E[Y|X = x] = \int y p(y|x) dy \quad (1.29)$$

で与えられる．条件付き期待値 $E[Y|X]$ は X の実現値の関数であり，さらに X に関して期待値をとった $E[E[Y|X]]$ は，Y の期待値 $E[Y]$ に一致し，**繰り返し期待値の法則**と呼ばれる：

$$E[Y] = E[E[Y|X]]. \quad (1.30)$$

これは，

$$\begin{aligned}
E[Y] &= \int \int y p(x, y) dx dy \\
&= \int \left[\int y p(y|x) dy \right] p(x) dx \\
&= \int E[Y|X = x] p(x) dx \\
&= E[E[Y|X]]
\end{aligned} \quad (1.31)$$

から証明される．

　また，分散についても同様なことが考えられる．X の実現値が与えられたときの Y の分散 $V[Y|X]$ は**条件付き分散**と呼ばれ，

$$V[Y|X] = E\left[(Y - E[Y|X])^2 \,\middle|\, X\right] \quad (1.32)$$

で与えられる．分散 $V[Y]$ と条件付き分散 $V[Y|X]$ の X に関する期待値をとった $E[V[Y|X]]$ との間には，

$$\begin{aligned}
V[Y] &= E\left[(Y - E[Y])^2\right] \\
&= E\left[E\left[(Y - E[Y])^2 \,\middle|\, X\right]\right] \quad \text{(繰り返し期待値の法則より)} \\
&= E\left[E\left[(Y - E[Y|X] + E[Y|X] - E[Y])^2 \,\middle|\, X\right]\right] \\
&= E\left[E\left[(Y - E[Y|X])^2 \,\middle|\, X\right]\right] + E\left[(E[Y|X] - E[Y])^2\right] \\
&= E\left[E\left[(Y - E[Y|X])^2 \,\middle|\, X\right]\right] + E\left[(E[Y|X] - E[E[Y|X]])^2\right] \\
&= E[V[Y|X]] + V[E[Y|X]] \quad (1.33)
\end{aligned}$$

の関係式がある．ここで，$V[E[Y|X]]$ は条件付き期待値 $E[Y|X]$ の X に関する分散を表している．3 行目から 4 行目の変形では，

$$\begin{aligned}
&E\left[E\left[(Y - E[Y|X])(E[Y|X] - E[Y]) \,\middle|\, X\right]\right] \\
&= E\left[(E[Y|X] - E[Y|X])(E[Y|X] - E[Y])\right] \\
&= 0 \quad (1.34)
\end{aligned}$$

を用いた．

1.2.6 モーメント母関数

確率変数 Z が従う確率分布の**モーメント母関数** (moment generating function) は，

$$M_Z(s) = E\left[\exp(sZ)\right] \quad (1.35)$$

で定義される．確率変数が非負の整数をとる場合には，

$$M_K(s) = \sum_{k=0}^{\infty} \exp(sk) P(k), \quad (1.36)$$

連続的なときには，

1.2 確率の基礎

$$M_X(s) = \int_{-\infty}^{\infty} \exp(sx)p(x)dx \tag{1.37}$$

である．モーメント母関数と確率分布には一対一の対応関係がある．つまり二つの確率分布のモーメント母関数が同一であれば，それらの確率分布は同一である．

モーメント母関数は確率変数の和が従う確率分布を求めるときによく用いられる．互いに独立な確率変数 $X_1, X_2, \ldots, X_m$ の和 $Z = \sum_{i=1}^{m} X_i$ が従う確率分布のモーメント母関数は，

$$\begin{aligned} M_Z(s) &= E\left[\exp(sZ)\right] \\ &= E\left[\exp\left(s\sum_{i=1}^{m} X_i\right)\right] \\ &= \prod_{i=1}^{m} E\left[\exp(sX_i)\right] \\ &= \prod_{i=1}^{m} M_{X_i}(s) \end{aligned} \tag{1.38}$$

となる．ただし，$M_{X_i}(s)$ は確率変数 X_i の従う確率分布のモーメント母関数である．つまり確率変数の和の従う確率分布のモーメント母関数は，もとの確率分布のモーメント母関数の積に等しい．この性質を利用して，確率変数の和の従う確率分布のモーメント母関数を計算し，それに対応する確率分布を見つけることで，確率変数の和の従う確率分布を求めることができる．

1.2.7 ラプラス変換

確率に伴う計算では，**ラプラス変換** (Laplace transform) がよく用いられる．関数 $f(x)$ に対して，そのラプラス変換を

$$\hat{f}(s) = \int_0^{\infty} \exp(-sx)f(x)dx \tag{1.39}$$

で定義する．$f(x)$ のラプラス変換を表現するのに，$\mathcal{L}[f(x)](s)$ という表記を用いることもある．また $\hat{f}(s)$ は

$$f(x) = \frac{1}{2\pi i} \int_{c-i\infty}^{c+i\infty} \exp(sx)\hat{f}(s)ds \qquad (1.40)$$

で定義される逆ラプラス変換を用いることで，もとの関数 $f(x)$ に戻る．以下に，本書で用いるラプラス変換についての基本的な性質をいくつかまとめておく．ここでは，関数 $f(x)$, $g(x)$ のラプラス変換をそれぞれ $\hat{f}(s)$, $\hat{g}(s)$ とする．

$$\mathcal{L}[1](s) = \frac{1}{s} \qquad (1.41)$$

$$\mathcal{L}[x](s) = \frac{1}{s^2} \qquad (1.42)$$

$$\mathcal{L}[f(ax)](s) = \frac{1}{a}\hat{f}\left(\frac{s}{a}\right) \qquad (1.43)$$

$$\mathcal{L}\left[\int_0^x f(y)dy\right](s) = \frac{\hat{f}(s)}{s} \qquad (1.44)$$

$$\mathcal{L}\left[\int_0^x \left\{\int_0^y f(z)dz\right\}dy\right](s) = \frac{\hat{f}(s)}{s^2}. \qquad (1.45)$$

また，ある関数 f と g に対して，

$$(f * g)(x) = \int_0^x f(y)g(x-y)dy \qquad (1.46)$$

で定義される $f * g$ は f と g の**畳み込み** (convolution) と呼ばれる．そして，ある関数 f に対して，$f^{1*}(x) = f(x)$ として，

$$f^{k*}(x) = \left[f * f^{(k-1)*}\right](x) \quad (k > 1) \qquad (1.47)$$

のように畳み込みを繰り返して得られる f^{k*} は f の k 次畳み込みと呼ばれる．畳み込みのラプラス変換は

$$\mathcal{L}\left[\int_0^x f(y)g(x-y)dy\right](s) = \hat{f}(s)\hat{g}(s) \qquad (1.48)$$

$$\mathcal{L}\left[f^{k*}(x)\right](s) = \left[\hat{f}(s)\right]^k \qquad (1.49)$$

である．

また，$f(x)$ が正の値をとる確率変数の確率密度関数であるときには，

1.2 確率の基礎

$$\hat{f}(0) = \int_0^\infty f(x)dx = 1 \tag{1.50}$$

$$\left.\frac{d\hat{f}}{ds}\right|_{s=0} = \int_0^\infty -\exp(-sx)xf(x)dx\bigg|_{s=0}$$
$$= -\mu \tag{1.51}$$

の関係式が成り立つ．ただし，μ は確率密度関数 $f(x)$ の期待値である．

第2章

ポアソン過程

ポアソン過程は，それぞれのイベントが互いに独立に発生することを仮定した最も基礎的な点過程のモデルである．ポアソン過程は各時刻の瞬間的なイベントの発生のしやすさを与える**強度関数** $\lambda(t)$ によって特徴付けられる（図 2.1）．

> **定義 2.1** 強度関数 $\lambda(t)$ のポアソン過程では，微小な幅 Δ の区間 $[t, t+\Delta]$ にイベントが発生する，または発生しない確率は，それ以前のイベント発生には依存せず，それぞれ
>
> $$P[N(t, t+\Delta) = 1] = \lambda(t)\Delta \qquad (2.1)$$
>
> $$P[N(t, t+\Delta) = 0] = 1 - \lambda(t)\Delta \qquad (2.2)$$
>
> で与えられる[1]．ただし，$N(t, t+\Delta)$ は区間 $[t, t+\Delta]$ 内のイベント数を表す．

式 (2.1)，(2.2) からわかるように，ポアソン過程ではある時刻でのイベントの発生確率は他のイベントには依存せず，その時点での強度関数の値

---

[1] 厳密には，ここで考えているイベントの発生確率はそれ以前のイベントの発生履歴が与えられたときの条件付き確率であり，詳しくは次章で解説する．ここでは，微小な幅の区間に二つ以上のイベントが起こる確率は限りなく小さいとして無視する．また，これらの確率は厳密には Δ に比べると十分小さい項を含むが，簡単のためにこれも無視する．

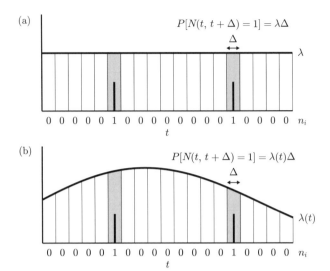

図 2.1 ポアソン過程の概念図：(a) は定常ポアソン過程，(b) は非定常ポアソン過程である．n_i は幅 Δ の部分区間のイベント数を表す．

のみから決まる．また，微小な Δ に対しては，式 (2.2) は

$$1 - \lambda(t)\Delta \approx \exp[-\lambda(t)\Delta] \qquad (2.3)$$

と近似することができ，以下の計算ではこの近似を用いる．

　強度関数が時間に依存しない定数であるとき，つまり $\lambda(t) = \lambda$ のときには，この過程は強度 λ の**定常ポアソン過程** (stationary Poisson process) と呼ばれる．そして，これに対して，強度関数が時間に陽に依存するときには，この過程は特に**非定常ポアソン過程** (non-stationary Poisson process) と呼ばれる．以下ではそれぞれの過程の性質を解説する．

2.1　定常ポアソン過程

　まずは，最も単純な点過程のモデルである定常ポアソン過程の性質を解説する．定常ポアソン過程は，その単純さから多くの性質を解析的に導くことができる．さらに，後に見るように任意の点過程は定常ポアソン過程

2.1 定常ポアソン過程

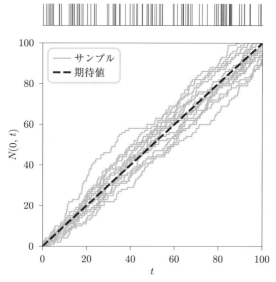

図 2.2 定常ポアソン過程の例．上のパネルは一つのサンプルを示したもので，下のパネルは 15 の異なるサンプルの累積発生数とその期待値をプロットしたものである．

に帰着することができるため，定常ポアソン過程はすべての点過程の基礎となる重要なモデルである．

強度 λ の定常ポアソン過程では，微小な幅 Δ の区間 $[t, t+\Delta]$ にイベントが発生する，または発生しない確率はそれぞれ，

$$P[N(t, t+\Delta) = 1] = \lambda\Delta \tag{2.4}$$

$$P[N(t, t+\Delta) = 0] = 1 - \lambda\Delta \approx \exp(-\lambda\Delta) \tag{2.5}$$

と与えられる．図 2.2 は定常ポアソン過程に従って発生するイベントの例を表したものである．

2.1.1 確率密度関数

本項では，観察期間 $[0, T]$ における強度 λ の定常ポアソン過程に対する確率密度関数 $p_{[0,T]}(\bm{t}_n)$ を導出する．点過程の確率密度関数は，通常の確率・統計で扱われる与えられた変数に対する確率密度関数とは少し性質が異なる．そのため，まずは点過程の確率密度関数についての導入を行う．

●点過程の確率密度関数

点過程の確率密度関数 $p_{[0,T]}(\boldsymbol{t}_n)$ は,観察期間 $[0,T]$ において,全部で n 個のイベントが発生し,それぞれのイベントの発生時刻が $0 < t_1 < t_2 < \cdots < t_n < T$ である事象の相対的な起こりやすさを表すものである.点過程では観察期間でのイベント数も確率変数であるため,点過程の確率密度関数は観察期間でのイベント数とそれぞれのイベントの発生時刻に関する同時分布を表していることに注意が必要である.そのため,点過程の確率密度関数 $p_{[0,T]}(\boldsymbol{t}_n)$ をそれぞれのイベントの発生時刻に関して観察期間にわたって積分したものは 1 ではなく,観察期間内のイベント数 n の確率分布関数 $P(n)$ を表している:

$$\int \cdots \int_{0<t_1<t_2<\cdots<t_n<T} p_{[0,T]}(\boldsymbol{t}_n) dt_1 \cdots dt_n = P(n). \quad (2.6)$$

そして,さらにイベント数 n に関する和をとることで 1 になるという性質がある(規格化):

$$\sum_{n=0}^{\infty} \int \cdots \int_{0<t_1<t_2<\cdots<t_n<T} p_{[0,T]}(\boldsymbol{t}_n) dt_1 \cdots dt_n = 1. \quad (2.7)$$

点過程の確率密度関数 $p_{[0,T]}(\boldsymbol{t}_n)$ は,それぞれのイベントが与えられた微小な区間に発生する確率を以下のように与える.まず,観察期間 $[0,T]$ を微小な幅 Δ の部分区間に等分割しよう(図 2.1).j 番目の部分区間は $I_j = [(j-1)\Delta, j\Delta]$ であり,この部分区間内のイベント数を n_j とする ($j = 1, 2, \ldots, T/\Delta$).ただし,$T/\Delta$ は部分区間の数を表すので整数として扱う.また,時刻 t_i ($i = 1, 2, \ldots, n$) を含む n 個の部分区間の集合を B^1,それ以外の残りの部分区間の集合を B^0 とする.ここで,確率 $P_{[0,T]}^{\Delta}(\boldsymbol{t}_n)$ を,B^1 に属す n 個の部分区間すべてにイベントが発生し,B^0 に属す部分区間にはイベントが発生しない確率とする:

$$P_{[0,T]}^{\Delta}(\boldsymbol{t}_n) = P(\{n_j = 1 | j \in B^1\}, \{n_j = 0 | j \in B^0\}). \quad (2.8)$$

この確率 $P_{[0,T]}^{\Delta}(\boldsymbol{t}_n)$ は確率密度関数 $p_{[0,T]}(\boldsymbol{t}_n)$ より

2.1 定常ポアソン過程

$$P^{\Delta}_{[0,T]}(\boldsymbol{t}_n) = p_{[0,T]}(\boldsymbol{t}_n)\Delta^n \tag{2.9}$$

と与えられる．そのため，確率 $P^{\Delta}_{[0,T]}(\boldsymbol{t}_n)$ をまず求めることにより，点過程の確率密度関数 $p_{[0,T]}(\boldsymbol{t}_n)$ を得ることができる． □

以下では定常ポアソン過程の確率密度関数を導出するが，上で述べたように，観察期間を微小な幅の部分区間に等分割し（図 2.1），確率 $P^{\Delta}_{[0,T]}(\boldsymbol{t}_n)$ をまず求める．ポアソン過程では，それぞれのイベントは互いに独立に発生するので，各部分区間でのイベント数も互いに独立である．そのため，部分区間のイベント数の同時分布 $P(n_1, n_2, \ldots, n_{T/\Delta})$ は

$$P(n_1, n_2, \ldots, n_{T/\Delta}) = \prod_{j=1}^{T/\Delta} P(n_j) \tag{2.10}$$

と各部分区間のイベント数の確率分布の積の形に書ける．それゆえ，確率 $P^{\Delta}_{[0,T]}(\boldsymbol{t}_n)$ は式 (2.8) から

$$P^{\Delta}_{[0,T]}(\boldsymbol{t}_n) = \prod_{i \in B^1} P(n_i = 1) \times \prod_{j \in B^0} P(n_j = 0) \tag{2.11}$$

となる．定常ポアソン過程では，それぞれの部分区間でのイベントが発生する，または発生しない確率は式 (2.4), (2.5) に与えられるため，

$$P^{\Delta}_{[0,T]}(\boldsymbol{t}_n) = (\lambda\Delta)^n \times \prod_{j \in B^0} \exp(-\lambda\Delta) \tag{2.12}$$

となる．ここで式 (2.12) の右辺の第 2 項を評価するために，イベントを含まない部分区間 B^0 にわたる積をすべての部分区間にわたる積に置き換えるという近似を用いる：

$$\prod_{j \in B^0} \exp(-\lambda\Delta) \approx \prod_{j=1}^{T/\Delta} \exp(-\lambda\Delta)$$
$$= \exp(-\lambda T). \tag{2.13}$$

この近似が妥当なのは，微小な幅 Δ の部分区間でイベントが発生しない確率は限りなく 1 に近く，この確率をイベントが発生した部分区間 B^1 に

わたって掛け合わせても，$\prod_{i \in B^1} P(n_i = 0) \approx 1$ となり，その影響は無視できるからである．よって以上のことから確率 $P_{[0,T]}^{\Delta}(\bm{t}_n)$ は

$$P_{[0,T]}^{\Delta}(\bm{t}_n) = \lambda^n \exp(-\lambda T) \Delta^n \tag{2.14}$$

となり，式 (2.9) の確率 $P_{[0,T]}^{\Delta}(\bm{t}_n)$ と確率密度関数 $p_{[0,T]}(\bm{t}_n)$ の関係式から，以下が導かれる．

定理 2.2 観察期間 $[0, T]$ における強度 λ の定常ポアソン過程の確率密度関数 $p_{[0,T]}(\bm{t}_n)$ は

$$p_{[0,T]}(\bm{t}_n) = \lambda^n \exp(-\lambda T) \tag{2.15}$$

と与えられる．

このように，定常ポアソン過程では，確率密度関数はイベント数のみに依存し，それぞれのイベントの発生時刻には依存しない．また，定常ポアソン過程の確率密度関数が式 (2.7) のように規格化されることは次項で解説する．

2.1.2 イベント数の分布

本項では，定常ポアソン過程から観察期間に発生するイベントの数が従う確率分布を調べる．導出の前に，重要な確率分布である**ポアソン分布** (Poisson distribution) についての説明を行う．

●ポアソン分布

定義 2.3 ポアソン分布はある正の定数 Λ に対して

$$P(k) = \frac{\Lambda^k \exp(-\Lambda)}{k!} \quad (k = 0, 1, 2, \ldots) \tag{2.16}$$

で定義される確率分布である．

ポアソン分布は図 2.3 のような形をしており，以下のような性質をもつ．

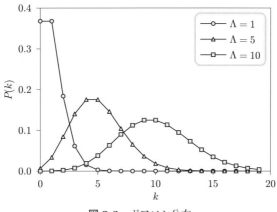

図 2.3 ポアソン分布

- **[1]** 期待値 $E[k]$, 分散 $V[k]$ ともに Λ である.
- **[2]** Λ が大きいときにはポアソン分布は期待値 Λ, 分散 Λ の正規分布でよく近似できる.
- **[3]** それぞれ期待値 $\Lambda_1, \Lambda_2, \ldots, \Lambda_m$ のポアソン分布に独立に従う確率変数 $k_1, k_2, \ldots, k_m$ の和 $\sum_{i=1}^m k_i$ は, 期待値 $\sum_{i=1}^m \Lambda_i$ のポアソン分布に従う(再生性).

性質 [1], [2] が成り立つことは各自確かめられたい. 性質 [3] に関しては, 以下のようにモーメント母関数を用いて確かめることができる. 期待値 Λ のポアソン分布のモーメント母関数は

$$M_k(s) = \exp[\Lambda(\exp(s) - 1)] \tag{2.17}$$

で与えられることから, 確率変数の和 $z = \sum_{i=1}^m k_i$ の従う確率分布のモーメント母関数は

$$\begin{aligned} M_z(s) &= \prod_{i=1}^m M_{k_i}(s) \\ &= \exp\left[\sum_{i=1}^m \Lambda_i(\exp(s) - 1)\right] \end{aligned} \tag{2.18}$$

で与えられるが，これは期待値 $\sum_{i=1}^{m} \Lambda_i$ のポアソン分布のモーメント母関数である．よって確率変数の和 $\sum_{i=1}^{m} k_i$ は期待値 $\sum_{i=1}^{m} \Lambda_i$ のポアソン分布に従う． □

さて，強度 λ の定常ポアソン過程で，観察期間 $[0, T]$ に発生するイベント数 n が従う確率分布を求めよう．イベント数 n の確率分布は式 (2.6) より，定理 2.2 で与えられる定常ポアソン過程の確率密度関数 $p_{[0,T]}(\bm{t}_n)$ をそれぞれのイベントの発生時刻に関して観察期間にわたって積分することにより得られる[2]．ここで，発生時刻 $\bm{t}_n$ には $0 < t_1 < t_2 < \cdots < t_n < T$ という条件が課せられているが，積分の計算を容易にするために，順序関係を制限しない発生時刻に関する確率変数 $\tilde{\bm{t}}_n = \{\tilde{t}_1, \tilde{t}_2, \ldots, \tilde{t}_n\}$ を導入する．あるイベントの配置 $\bm{t}_n$ は，$\{t_1, t_2, \ldots, t_n\}$ を入れ替えた $n!$ 通りの $\tilde{\bm{t}}_n$ によって表現されるので，新たな変数を用いたときの定常ポアソン過程の確率密度関数は

$$p_{[0,T]}(\tilde{\bm{t}}_n) = \frac{p_{[0,T]}(\bm{t}_n)}{n!}$$
$$= \frac{\lambda^n \exp(-\lambda T)}{n!} \tag{2.19}$$

で与えられる．よって，イベント数の分布は

$$\begin{aligned} P(n) &= \int \cdots \int_{0 < t_1 < t_2 < \cdots < t_n < T} p_{[0,T]}(\bm{t}_n) dt_1 \cdots dt_n \\ &= \int_0^T \cdots \int_0^T p_{[0,T]}(\tilde{\bm{t}}_n) d\tilde{t}_1 \cdots d\tilde{t}_n \\ &= \frac{(\lambda T)^n \exp(-\lambda T)}{n!} \end{aligned} \tag{2.20}$$

と求まり，これはポアソン分布である．また，これより定常ポアソン過程の確率密度関数が式 (2.7) のように規格化されていることは明らかである．

---

[2] 前項のように観察期間を微小な幅の部分区間に等分割し，全部分区間のうち n 個の部分区間においてイベントが発生する確率を求めることで，イベント数の分布を導出することもできる．各自確認されたい．

2.1 定常ポアソン過程

定理 2.4 強度 λ の定常ポアソン過程から観察期間 $[0, T]$ に発生するイベントの数 n はポアソン分布に従い，その期待値，分散とも λT である．

この定理より以下のことがわかる．

- イベントの累積数 $N(0, T)$ の期待値は $E[N(0, T)] = \lambda T$ で与えられるため，イベントの累積数は時間に対して平均的に傾き λ の直線に沿って増えていく（図 2.2）．
- 観察期間にイベントが発生しない，つまりイベント数が 0 である確率は $\exp(-\lambda T)$ である．

次に観察期間 $[0, T]$ の任意の分割 $J_1 = [0, T_1], J_2 = [T_1, T_2], \ldots, J_m = [T_{m-1}, T_m], J_{m+1} = [T_m, T]$ $(0 < T_1 < \cdots < T_m < T)$ に対して，それぞれの区間でのイベント数 $N_i (i = 1, 2, \ldots, m+1)$ の同時確率分布を求めよう．ポアソン過程ではイベントが互いに独立に発生しているため，各区間でのイベント数は互いに独立である．よって，まず

$$P(N_1, N_2, \ldots, N_{m+1}) = \prod_{i=1}^{m+1} P(N_i) \tag{2.21}$$

が成り立つ．そして，各区間の長さを l_i とおくと，上の議論より各区間でのイベント数 N_i は期待値 λl_i のポアソン分布に従う．よって同時分布は，

$$P(N_1, N_2, \ldots, N_{m+1}) = \prod_{i=1}^{m+1} \frac{(\lambda l_i)^{N_i} \exp(-\lambda l_i)}{N_i!} \tag{2.22}$$

と求まる．

つまり定常ポアソン過程において，長さ l の任意の区間でのイベント数の分布は区間の長さのみに依存し，期待値 λl のポアソン分布に従い，それと重ならない区間のイベント数とは独立である．このことはポアソン過程の基本的な性質の一つであり，この性質により定常ポアソン過程を定義することもある．

2.1.3 イベント数が与えられたときの条件付き確率密度関数

定常ポアソン過程では，観察期間 $[0,T]$ のイベント数 n は試行毎に変わる確率変数であるが，ここではイベント数 n が与えられている状況を考えよう．そして，この条件下で観察期間においてイベントがどのように分布しているかを調べる．イベントの発生時刻に関して，前項で導入した順序関係の制限のない変数 $\tilde{\boldsymbol{t}}_n$ を用いて，条件付き確率密度関数 $p_{[0,T]}(\tilde{\boldsymbol{t}}_n|n)$ を求めていく．点過程の確率密度関数 $p_{[0,T]}(\tilde{\boldsymbol{t}}_n)$ はイベント数 n とそれぞれのイベントの発生時刻 $\tilde{\boldsymbol{t}}_n$ の同時分布であることを考慮すると，条件付き確率密度関数 $p_{[0,T]}(\tilde{\boldsymbol{t}}_n|n)$ は式 (1.21) の確率分布の積則から

$$p_{[0,T]}(\tilde{\boldsymbol{t}}_n|n) = \frac{p_{[0,T]}(\tilde{\boldsymbol{t}}_n)}{P(n)} \tag{2.23}$$

と表すことができる．右辺に出てくる，確率密度関数 $p_{[0,T]}(\tilde{\boldsymbol{t}}_n)$ は式 (2.19) より，イベント数の確率分布 $P(n)$ は定理 2.4 より与えられるため，条件付き確率密度関数 $p_{[0,T]}(\tilde{\boldsymbol{t}}_n|n)$ は

$$p_{[0,T]}(\tilde{\boldsymbol{t}}_n|n) = \left(\frac{1}{T}\right)^n \tag{2.24}$$

と求まる．これは，イベントの発生時刻 $\tilde{t}_i$ はそれぞれ独立に観察期間 $[0,T]$ を定義域とする一様分布に従っていることを意味している．

定理 2.5 定常ポアソン過程では，観察期間内でのイベント数が所与のときには，イベントはそれぞれ独立に観察期間内に一様に分布している．

2.1.4 イベント間間隔・待ち時間の分布

本項では定常ポアソン過程でのイベント間間隔および待ち時間の従う確率分布を調べていく．まず，重要な確率分布である**指数分布** (exponential distribution) について説明する．

2.1 定常ポアソン過程

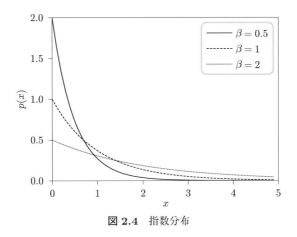

図 2.4 指数分布

● **指数分布**

> **定義 2.6** 指数分布は，ある正の定数 β に対して，確率密度関数が
> $$p(x) = \begin{cases} \dfrac{1}{\beta} \exp\left(-\dfrac{x}{\beta}\right) & (x \geq 0) \\ 0 & (x < 0) \end{cases} \tag{2.25}$$
> で与えられる確率分布である．

指数分布は図 2.4 のような形をしており，以下のような性質がある．

[1]　期待値は $E[x] = \beta$，分散は $V[x] = \beta^2$ である．
[2]　指数分布に従う確率変数 x に対して，$y = \exp(-x/\beta)$ で定義される確率変数 y は区間 $[0,1]$ 上の一様分布に従う．

それぞれの性質が成り立つことは各自確認されたい．性質 [2] は式 (1.25) の確率変数の変数変換の公式から確認できる．また，性質 [2] は指数分布に従う乱数を生成するのに用いられる（7.1.3 項）．　□

強度 λ の定常ポアソン過程で，あるイベントが時刻 t_i に発生した後に，次のイベントが発生するまでの時間 $\tau_i = t_{i+1} - t_i$（イベント間間隔）の従う確率密度関数 $p(\tau)$ を求めよう．ここでイベント間間隔の累積分布関

数は

$$F(\tau) = P(\tau_i \leq \tau) = 1 - P(\tau_i > \tau) \qquad (2.26)$$

と表される．イベント間間隔 τ_i がある値 τ より大きいという事象は，区間 $[t_i, t_i + \tau]$ でのイベント数が 0 であることと同じ事象であり，つまり

$$P(\tau_i > \tau) = P[N(t_i, t_i + \tau) = 0] \qquad (2.27)$$

であるので，$F(\tau)$ は

$$\begin{aligned}F(\tau) &= 1 - P[N(t_i, t_i + \tau) = 0] \\ &= 1 - \exp(-\lambda\tau)\end{aligned} \qquad (2.28)$$

となる．ただし，1 行目から 2 行目の変形では定理 2.4 を用いた．よって，イベント間間隔の確率密度関数 $p(\tau)$ は

$$p(\tau) = \frac{d}{d\tau}F(\tau) = \lambda\exp(-\lambda\tau) \qquad (2.29)$$

と求まり，これは指数分布である．

> **定理 2.7** 強度 λ の定常ポアソン過程において，イベント間間隔 τ が従う確率密度関数 $p(\tau)$ は指数分布であり，その期待値は $1/\lambda$，分散は $1/\lambda^2$ である．

上の議論ではイベント間間隔，つまりイベントが発生した時刻から次にイベントが発生するまでの時間が従う確率密度関数を求めたが，ある任意の時刻から次のイベントが発生するまでの待ち時間はどのような確率密度関数に従うだろうか？ 待ち時間の確率密度関数もイベント間間隔の確率密度関数と同じように求めることができるが，実は待ち時間もイベント間間隔と同様に期待値 $1/\lambda$ の指数分布に従う．待ち時間が過去のイベント発生に依存しない性質は**無記憶性**と呼ばれる．また，このことから観察期間の開始から最初のイベントが発生するまでの時間の分布も，イベント間間隔と同一の指数分布に従うことがわかる．

しかしながら，待ち時間とイベント間間隔とが同一の分布に従うという

のは，矛盾するように感じられるかもしれない．例えば，あるバス停ではバスが定常ポアソン過程に従って平均 10 分に 1 本やってくるとしよう．このとき，バスが到着してから次のバスが来るまでのイベント間間隔は指数分布に従い，この期待値は 10 分である．次に，ある時刻にバス停に来た人が，次のバスが来るまで待つ時間の期待値を考えよう（バスと人が同時にバス停に到着する確率は 0 である）．直感的には，前のバスが来てからある程度の時間が経っているのだから，待ち時間の期待値は 10 分よりも短いと考えるのが自然かもしれない．しかしながら，上の議論により待ち時間の期待値は過去のバスの到着時間に関係なく 10 分なのである．4.2.5 項ではこの現象についてより一般的に解説する．

2.2 非定常ポアソン過程

　非定常ポアソン過程では強度が時間に応じて変化する（定義 2.1）．図 2.5 は非定常ポアソン過程に従うイベントの例を示したものである．非定常ポアソン過程では定常ポアソン過程とは異なり，イベントが起こりやすい期間と起こりにくい期間があり，イベント発生が非一様である．このことから非定常ポアソン過程は**非一様ポアソン過程** (inhomogenous Poisson process) と呼ばれることもある．

2.2.1　確率密度関数

　非定常ポアソン過程の確率密度関数 $p_{[0,T]}(\bm{t}_n)$ は定常ポアソン過程の確率密度関数の導出と同様に導出される．まず，観察期間 $[0, T]$ を微小な幅 Δ の部分区間に分割し（図 2.1），確率 $P^{\Delta}_{[0,T]}(\bm{t}_n)$ を求めるが，非定常ポアソン過程でも各部分区間におけるイベント発生は独立であることから，定常ポアソン過程と同様に

$$P^{\Delta}_{[0,T]}(\bm{t}_n) = \prod_{i \in B^1} P(n_i = 1) \times \prod_{j \in B^0} P(n_j = 0) \quad (2.30)$$

が成り立つ．非定常ポアソン過程で各部分区間においてイベントが発生する，または発生しない確率は定義 2.1 で与えられるため，

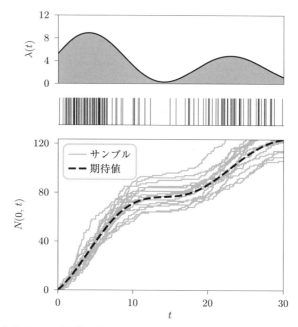

図 2.5 非定常ポアソン過程の例．上のパネルは強度関数，中央のパネルは一つのサンプル，下のパネルは 15 の異なるサンプルの累積発生数と期待値をプロットしたものである．

$$P_{[0,T]}^{\Delta}(\bm{t}_n) = \prod_{i=1}^{n} \lambda(t_i)\Delta \times \prod_{j \in B^0} \exp[-\lambda((j-1)\Delta)\Delta] \tag{2.31}$$

となる．そして，式 (2.31) の右辺第 2 項のイベントが発生しない部分区間 B^0 にわたる積を，部分区間すべてにわたる積に置き換える近似を用いると，

$$\lim_{\Delta \to 0} \prod_{j \in B^0} \exp[-\lambda((j-1)\Delta)\Delta] \approx \lim_{\Delta \to 0} \prod_{j=1}^{T/\Delta} \exp[-\lambda((j-1)\Delta)\Delta]$$

$$= \lim_{\Delta \to 0} \exp\left[-\sum_{j=1}^{T/\Delta} \lambda((j-1)\Delta)\Delta\right]$$

$$= \exp\left[-\int_0^T \lambda(t)dt\right] \tag{2.32}$$

となる.よって,以下が導かれる.

定理 2.8 観察期間 $[0, T]$ における強度関数 $\lambda(t)$ の非定常ポアソン過程の確率密度関数 $p_{[0,T]}(\boldsymbol{t}_n)$ は

$$p_{[0,T]}(\boldsymbol{t}_n) = \prod_{i=1}^{n} \lambda(t_i) \times \exp\left[-\int_0^T \lambda(t) dt\right] \quad (2.33)$$

で与えられる.

2.2.2 定常ポアソン過程との関係:時間変換定理

非定常ポアソン過程は定常ポアソン過程と変数変換(時間変換)を通して密接な関係にある.観察期間 $[0, T]$ においてイベント $\boldsymbol{t}_n = \{t_1, t_2, \ldots, t_n\}$ が強度関数 $\lambda(t)$ の非定常ポアソン過程に従っているとする.ここで,ある単調増加関数 $\phi(t)$ を用いた時間変換

$$t' = \phi(t) \quad (2.34)$$

により得られるイベント $\boldsymbol{t}'_n = \{\phi(t_1), \phi(t_2), \ldots, \phi(t_n)\}$ はどのような過程に従っているだろうか?

イベントが互いに独立に発生するという性質は時間変換によっては変わらないので,時間変換後もイベント発生はポアソン過程に従っている.よって,以下では新たな時間軸 t' でのポアソン過程の強度関数を $\lambda'(t')$ を求める.時間変換により微小区間 $[t, t+dt]$ は $[t', t'+dt']$ に変換されるとしよう.これらの対応する微小区間でのイベントの発生確率は同じなので,

$$\lambda(t)dt = \lambda'(t')dt' \quad (2.35)$$

を満たす.そのため,$t' = \phi(t)$ の逆変換 $t = \phi^{-1}(t')$ を用いると,$\lambda'(t')$ は

$$\lambda'(t') = \lambda(\phi^{-1}(t'))\frac{d\phi^{-1}}{dt'}, \quad (2.36)$$

または,

$$\lambda'(t') = \lambda(\phi^{-1}(t')) \left[\frac{d\phi}{dt}\bigg|_{t=\phi^{-1}(t')} \right]^{-1} \tag{2.37}$$

と求まる．よって，時間変換後のイベント t'_n は観察期間 $[\phi(0), \phi(T)]$ において，上式で与えられる強度関数 $\lambda'(t')$ の非定常ポアソン過程に従うことがわかる．

このことはまた，次の定理のように適切な時間変換を行うことで，任意の非定常ポアソン過程を定常ポアソン過程に変換できることを意味している．

定理 2.9（時間変換定理） 観察期間 $[0, T]$ においてイベント $t_n = \{t_1, t_2, \ldots, t_n\}$ が強度関数 $\lambda(t)$ の非定常ポアソン過程に従っているとする．このとき，時間変換

$$t' = \Lambda(t) \equiv \int_0^t \lambda(s) ds \tag{2.38}$$

によって得られるイベント $t'_n = \{\Lambda(t_1), \Lambda(t_2), \ldots, \Lambda(t_n)\}$ は観察期間 $[0, \Lambda(T)]$ において強度 1 の定常ポアソン過程に従う．

これは，この時間変換の式 (2.38) を式 (2.37) に代入することで，

$$\begin{aligned}
\lambda'(t') &= \lambda(\Lambda^{-1}(t')) \left[\frac{d\Lambda}{dt}\bigg|_{t=\Lambda^{-1}(t')} \right]^{-1} \\
&= \lambda(\Lambda^{-1}(t')) \left[\lambda(\Lambda^{-1}(t')) \right]^{-1} \\
&= 1
\end{aligned} \tag{2.39}$$

となり，時間変換後では強度関数が 1 になることからわかる．直感的には，式 (2.38) の時間変換は，図 2.6 のように強度が高い場所では時間を伸ばし，強度が低い場所では時間を縮めるため，イベントが一様に分布するようになるのである．

同様に，この逆も成り立ち，つまり適切な時間変換を用いることで，定常ポアソン過程を任意の強度関数をもつ非定常ポアソン過程に変換することができる．つまり，時間軸 t' 上でイベント t'_n が強度 1 の定常ポアソン

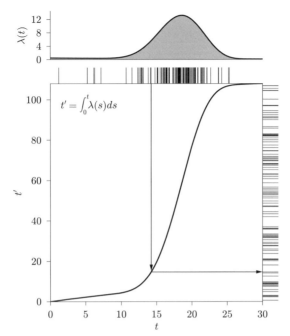

図 2.6 時間変換定理の概念図．上のパネルのような強度関数 $\lambda(t)$ から生成されたイベントに対して，図中のような変換を行うと，右側のイベントのように強度 1 の定常ポアソン過程に従う．

過程に従っているときに，式 (2.38) の逆変換 $t = \Lambda^{-1}(t')$ によって得られる時間軸 t 上のイベントは強度関数 $\lambda(t)$ の非定常ポアソン過程に従う．

また，時間変換定理は多変数の確率密度関数に対する変数変換の公式 (1.28) からも証明できることも説明しておく．変数変換後の点過程の確率密度関数 $p_{[0,\Lambda(T)]}(\bm{t}'_n)$ は，変換前の強度関数 $\lambda(t)$ の非定常ポアソン過程に対する確率密度関数 $p_{[0,T]}(\bm{t}_n)$ を用いて，

$$p_{[0,\Lambda(T)]}(\bm{t}'_n) = p_{[0,T]}(\bm{t}_n)|\det(J^{t',t})|^{-1} \tag{2.40}$$

と表される．ここで，時間変換は $t'_i = \Lambda(t_i)$ で与えられることから，ヤコビ行列 $J^{t',t}$ は対角行列であり，その行列式 $\det(J^{t',t})$ は対角成分の積

$$\det(J^{t',t}) = \prod_{i=1}^{n} \frac{\partial t_i'}{\partial t_i}$$
$$= \prod_{i=1}^{n} \lambda(t_i) \qquad (2.41)$$

で与えられる．よって，式 (2.33), (2.40), (2.41) から，$p_{[0,\Lambda(T)]}(\bm{t}_n')$ が

$$p_{[0,\Lambda(T)]}(\bm{t}_n') = \exp\left[-\int_0^T \lambda(s)ds\right]$$
$$= \exp\left[-\Lambda(T)\right] \qquad (2.42)$$

のように得られるが，これは定理 2.2 より，観察期間 $[0, \Lambda(T)]$ における強度 1 の定常ポアソン過程の確率密度関数に対応する．よって，時間変換後の点過程は強度 1 の定常ポアソン過程であることがわかる．

このように，定常ポアソン過程と非定常ポアソン過程には時間変換を通して密接な対応関係がある．この性質を利用して非定常ポアソン過程の性質を定常ポアソン過程に帰着して導くことができる．

2.2.3 イベント数の分布

時間変換定理 2.9 を用いると，観察期間 $[0, T]$ における強度関数 $\lambda(t)$ の非定常ポアソン過程のイベント数の分布を簡単に求めることができる．時間変換を行っても対応する観察期間内のイベント数の分布は変わらないため，求める分布は時間変換後の観察期間 $[0, \Lambda(T)]$ における強度 1 の定常ポアソン過程のイベント数の分布に等しく，これは定理 2.4 より与えられる．よって，以下のことがわかる．

定理 2.10 強度関数 $\lambda(t)$ の非定常ポアソン過程から観察期間 $[0, T]$ に発生するイベントの数は期待値 $\Lambda(T) = \int_0^T \lambda(t)dt$ のポアソン分布に従う．

2.2 非定常ポアソン過程

この定理より，以下のことがわかる．

- イベントの累積数 $N(0,t)$ の期待値は $E[N(0,t)] = \int_0^t \lambda(s)ds$ で与えられる（図 2.5）．
- 観察期間にイベントが発生しない確率は

$$P[N(0,T) = 0] = \exp\left[-\int_0^T \lambda(t)dt\right] \tag{2.43}$$

で与えられる．

2.2.4 イベント間間隔・待ち時間の分布

強度関数 $\lambda(t)$ の非定常ポアソン過程で，イベント間間隔 $\tau_i = t_{i+1} - t_i$ が従う確率密度関数 $p(\tau|t_i)$ は，直前のイベント発生時刻 t_i に依存するが，これも時間変換定理より求めることができる．まず，時間変換定理 2.9 および，定常ポアソン過程のイベント間間隔の分布（定理 2.7）より，以下が成り立つ：

- 時間変換後のイベント間間隔 $\{\tau_i' = \Lambda(t_{i+1}) - \Lambda(t_i) = \int_{t_i}^{t_{i+1}} \lambda(s)ds\}$ は互いに独立に期待値 1 の指数分布に従う．

また，時間変換後のイベント間間隔 τ_i' はもとのイベント間間隔 τ_i を用いて，

$$\tau_i' = \int_{t_i}^{t_i+\tau_i} \lambda(s)ds \tag{2.44}$$

と表される．よって変数変換の公式からイベント間間隔 τ_i の確率密度関数 $p(\tau_i|t_i)$ は

$$\begin{aligned} p(\tau_i|t_i) &= p(\tau_i')\left|\frac{d\tau_i'}{d\tau_i}\right| \\ &= \lambda(t_i + \tau_i)\exp\left[-\int_{t_i}^{t_i+\tau_i} \lambda(s)ds\right] \end{aligned} \tag{2.45}$$

で与えられる．また，ポアソン過程の無記憶性から，待ち時間も同様の分布に従う．

第3章

点過程の一般論

　前章では，イベントが互いに独立に発生するポアソン過程を解説したが，以降の章では，イベントの発生が過去のイベントに依存するような点過程を扱っていく．本章では，そのような点過程の一般論について解説する．

3.1　条件付き強度関数

　本節では，イベントの発生が過去のイベントに依存するような一般的な点過程について考える．第2章で見たように，ポアソン過程は強度関数 $\lambda(t)$ によって特徴付けられたが，一般の点過程は強度関数を拡張した条件付き強度関数 $\lambda(t|H_t)$ によって特徴付けられる．ここで条件付き強度関数 $\lambda(t|H_t)$ とは，ある時刻 t の直前までのイベントの発生履歴 $H_t = \{t_i | t_i < t\}$ が与えられたときの，時刻 t におけるイベント発生の強度を与える関数である．強度関数と同じように，条件付き強度関数も微小な幅の区間にイベントが発生する確率を次のように与える．

> **定義 3.1**　条件付き強度関数 $\lambda(t|H_t)$ をもつ点過程では，時刻 t までのイベントの発生履歴 H_t が与えられたときに，微小な区間 $[t, t+\Delta]$ にイベントが発生する，または発生しない確率がそれぞれ，

$$P[N(t,t+\Delta) = 1|H_t] = \lambda(t|H_t)\Delta \tag{3.1}$$
$$P[N(t,t+\Delta) = 0|H_t] = 1 - \lambda(t|H_t)\Delta$$
$$\approx \exp[-\lambda(t|H_t)\Delta] \tag{3.2}$$

と与えられる.

前章で扱ったポアソン過程は,条件付き強度関数が時刻のみに依存する関数で与えられる点過程であり ($\lambda(t|H_t) = \lambda(t)$),この場合はイベントの発生確率はそれ以前の発生履歴には依存しない.本章では,条件付き強度関数 $\lambda(t|H_t)$ に対して特定の関数形を仮定しない一般の場合を考える.

3.2 確率密度関数

以下では,観察期間 $[0,T]$ における条件付き強度関数 $\lambda(t|H_t)$ をもつ点過程の確率密度関数 $p_{[0,T]}(\boldsymbol{t}_n)$ を導出する.導出の流れは前章でポアソン過程に対する確率密度関数を求めたものと同じである.

まず,観察期間 $[0,T]$ を微小な幅 Δ の区間に分割する.j 番目の部分区間は $[(j-1)\Delta, j\Delta]$ であり,この部分区間でのイベント数を n_j とおく ($j = 1, 2, \ldots, T/\Delta$).以下の計算のために,表記 $\boldsymbol{n}_{1:i} = \{n_1, n_2, \ldots, n_i\}$ を導入する.一般の点過程では各部分区間のイベント数は互いに独立ではないことに注意すると,部分区間のイベント数の同時分布 $P(\boldsymbol{n}_{1:T/\Delta})$ は式 (1.18) の確率分布の積則から

$$\begin{aligned}P(\boldsymbol{n}_{1:T/\Delta}) &= P(n_{T/\Delta}|\boldsymbol{n}_{1:T/\Delta-1})P(\boldsymbol{n}_{1:T/\Delta-1}) \\ &= P(n_{T/\Delta}|\boldsymbol{n}_{1:T/\Delta-1})P(n_{T/\Delta-1}|\boldsymbol{n}_{1:T/\Delta-2})P(\boldsymbol{n}_{1:T/\Delta-2}) \\ &\vdots \\ &= \left[\prod_{i=1}^{T/\Delta-1} P(n_{i+1}|\boldsymbol{n}_{1:i})\right] P(n_1) \end{aligned} \tag{3.3}$$

と表すことができる.ポアソン過程のときの関係式 (2.10) と比べると,

各部分区間のイベント数の確率分布がそれ以前の部分区間のイベント数に条件付けられていることがわかる．そして，微小な Δ に対しては，i 番目までの各部分区間のイベント数の集合を表す $\boldsymbol{n}_{1:i}$ は時刻 $i\Delta$ までのイベントの発生履歴 $H_{i\Delta}$ と同一視できるため，式 (3.3) のそれぞれの条件付き確率は，

$$P(n_{i+1}|\boldsymbol{n}_{1:i}) = P[N(i\Delta, (i+1)\Delta)|H_{i\Delta}] \tag{3.4}$$

と書ける．

次に，時刻 t_i $(i=1,2,\ldots,n)$ を含む部分区間の集合を B^1 とし，それ以外の部分区間の集合を B^0 とおく．すると，B^1 に属するすべての部分区間でイベントが発生し，B^0 に属す部分区間ではイベントが発生しない確率 $P_{[0,T]}^{\Delta}(\boldsymbol{t}_n)$ は，式 (3.1)，(3.2)，(3.3)，(3.4) から，

$$\begin{aligned}P_{[0,T]}^{\Delta}(\boldsymbol{t}_n) &= \prod_{i \in B^1} P[n_i = 1|H_{(i-1)\Delta}] \times \prod_{j \in B^0} P[n_j = 0|H_{(j-1)\Delta}] \\ &= \prod_{i=1}^{n} \lambda(t_i|H_{t_i})\Delta \times \prod_{j \in B^0} \exp[-\lambda((j-1)\Delta|H_{(j-1)\Delta})\Delta]\end{aligned} \tag{3.5}$$

となる．これは非定常ポアソン過程の確率密度関数の導出の途中式 (2.31) において，強度関数を条件付き強度関数に置き換えたものである．そのため，一般の点過程に対する確率密度関数は，非定常ポアソン過程の確率密度関数 (2.33) 中の強度関数を条件付き強度関数に置き換えたものとして与えられる．

定理 3.2 観察期間 $[0,T]$ における条件付き強度関数 $\lambda(t|H_t)$ の点過程の確率密度関数 $p_{[0,T]}(\boldsymbol{t}_n)$ は

$$p_{[0,T]}(\boldsymbol{t}_n) = \prod_{i=1}^{n} \lambda(t_i|H_{t_i}) \times \exp\left[-\int_0^T \lambda(s|H_s)ds\right] \tag{3.6}$$

で与えられる．

3.3 時間変換定理

定理 2.9 で非定常ポアソン過程は適切に時間変換を行うことで定常ポアソン過程に変換できることを説明した．一般の点過程に対しても同様の定理が成り立つ．

> **定理 3.3** 観察期間 $[0, T]$ においてイベント $\bm{t}_n = \{t_1, t_2, \ldots, t_n\}$ が条件付き強度関数 $\lambda(t|H_t)$ の点過程に従っているとする．このとき，履歴依存の時間変換
> $$t' = \Lambda_H(t) = \int_0^t \lambda(s|H_s)ds \tag{3.7}$$
> によって得られるイベント $\bm{t}'_n = \{\Lambda_H(t_1), \Lambda_H(t_2), \ldots, \Lambda_H(t_n)\}$ は観察期間 $[0, \Lambda_H(T)]$ で強度 1 の定常ポアソン過程に従う．

この定理は多変数の確率密度関数に対する変数変換の公式 (1.28) から証明できる．変数変換後の確率密度関数 $p_{[0, \Lambda_H(T)]}(\bm{t}'_n)$ はもとの確率密度関数 $p_{[0, T]}(\bm{t}_n)$ を用いて

$$p_{[0, \Lambda_H(T)]}(\bm{t}'_n) = p_{[0, T]}(\bm{t}_n)|\det(J^{t', t})|^{-1} \tag{3.8}$$

と表される．ここで，t'_i は $t_j (j > i)$ には依存しないことを考慮すると，ヤコビ行列 $J^{t', t}$ は下三角行列であり，その行列式 $\det(J^{t', t})$ は対角成分の積

$$\begin{aligned}\det(J^{t', t}) &= \prod_{i=1}^n \frac{\partial t'_i}{\partial t_i} \\ &= \prod_{i=1}^n \lambda(t_i|H_{t_i})\end{aligned} \tag{3.9}$$

で与えられる．よって，式 (3.6), (3.8), (3.9) から，$p_{[0, \Lambda_H(T)]}(\bm{t}'_n)$ が

$$p_{[0,\Lambda_H(T)]}(\boldsymbol{t}'_n) = \exp\left[-\int_0^T \lambda(s|H_s)ds\right]$$
$$= \exp\left[-\Lambda_H(T)\right] \tag{3.10}$$

のように得られるが，これは定理 2.2 より，観察期間 $[0, \Lambda_H(T)]$ における強度 1 の定常ポアソン過程の確率密度関数に対応する．

3.4 定常な点過程

確率過程を特徴付ける重要な性質として**定常性** (stationarity) がある．定常性とは大まかには，イベント発生の統計的な特徴が時刻に依存しないような性質を指す．厳密には，任意の区間の集合 $\{[a_i, b_i] | i = 1, 2, \ldots, m\}$ に対して，これらを s だけシフトしたときの各区間 $\{[a_i + s, b_i + s] | i = 1, 2, \ldots, m\}$ のイベント数の同時分布 $P[\{N(a_i+s, b_i+s) | i = 1, 2, \ldots, m\}]$ が s に依存しないとき，点過程は定常であるという．一般の非定常な過程を解析的に扱うことは難しいが，定常性を仮定することで，点過程の様々な性質を解析的に調べることが可能になる．定常な点過程ではいくつかの有用な特徴量があり，以下ではそれらを解説する．

まず初めに，平均強度関数を導入する．

●平均強度関数

以下では，$N_\Delta(t) \equiv N(t, t + \Delta)$ の表記を用いる．平均強度関数 $\nu(t)$ はある時刻における平均的なイベントの発生しやすさを与えるものであり，微小な区間 $[t, t + \Delta]$ にイベントが発生する確率を

$$P[N_\Delta(t) = 1] = \nu(t)\Delta \tag{3.11}$$

と与える．ここで考えている確率は，条件付き強度関数の定義で解説したような，それ以前の発生履歴が与えられた上での条件付き確率ではなく，発生履歴が与えられていないときの（無条件での）確率，もしくは，考えている点過程を多数回試行したときに得られる頻度確率であることに注意

されたい．また，微小な区間では高々一つしかイベントは発生しないとすると，平均強度関数 $\nu(t)$ は微小な区間 $[t, t+\Delta]$ のイベント数の期待値を

$$E[N_\Delta(t)] = 1 \times \nu(t)\Delta + 0 \times (1 - \nu(t)\Delta)$$
$$= \nu(t)\Delta \tag{3.12}$$

と与える．また，これと同値な表現であるが，平均強度関数 $\nu(t)$ はある任意の区間 $[S, T]$ のイベント数の期待値を

$$E[N(S,T)] = \int_S^T \nu(t)dt \tag{3.13}$$

と与える．

ここで，条件付き強度関数と平均強度関数との関係について説明する．条件付き強度関数は，それまでのイベントの発生履歴が与えられたときのイベントの発生のしやすさを与えるものであった．そのため，条件付き強度関数はイベントの発生時刻に応じて試行毎に変わる広い意味での確率変数である．ここで，条件付き強度関数の発生履歴 H_t に関する期待値をとった $E[\lambda(t|H_t)]$ は平均強度関数 $\nu(t)$ に一致する：

$$E[\lambda(t|H_t)] = \nu(t). \tag{3.14}$$

これは，$E[N_\Delta(t)]$ を繰り返し期待値の法則 (1.30) を用いて計算すると，

$$E[N_\Delta(t)] = E\big[E[N_\Delta(t)|H_t]\big]$$
$$= E\big[1 \times \lambda(t|H_t)\Delta + 0 \times (1 - \lambda(t|H_t)\Delta)\big]$$
$$= E[\lambda(t|H_t)]\Delta \tag{3.15}$$

となり，式 (3.12) との比較からわかる．ポアソン過程では，イベント発生は過去の発生履歴に依存しないため平均強度関数と強度関数は一致する． □

さて，定常な点過程では平均強度関数 $\nu(t)$ が時間によらない定数 ν である：

3.4 定常な点過程

$$\nu(t) = \nu. \tag{3.16}$$

ここで，ν はイベントの平均発生率を表す量である．これは，定常性の定義から $N_\Delta(t)$ の確率分布が t に依存しないことからわかる．そのため，式 (3.12)，(3.13) より，定常な点過程では，

$$E[N_\Delta(t)] = \nu\Delta \tag{3.17}$$
$$E[N(t, t+l)] = \nu l \tag{3.18}$$

が成り立ち，イベント数の期待値は区間の長さのみに依存する．

次に，共分散密度関数 $C^*(t, t')$ を導入する．

●共分散密度関数

共分散密度関数 $C^*(t, t')$ は，微小な Δ に対する $N_\Delta(t)$ と $N_\Delta(t')$ の共分散 $Cov[N_\Delta(t), N_\Delta(t')]$ を

$$Cov[N_\Delta(t), N_\Delta(t')] = C^*(t, t')\Delta^2 \tag{3.19}$$

と与える．ここで共分散 $Cov[N_\Delta(t), N_\Delta(t')]$ は

$$\begin{aligned} Cov[N_\Delta(t), N_\Delta(t')] &= E[N_\Delta(t)N_\Delta(t')] - E[N_\Delta(t)]E[N_\Delta(t')] \\ &= E[N_\Delta(t)N_\Delta(t')] - \nu(t)\nu(t')\Delta^2 \end{aligned} \tag{3.20}$$

である．

ところで，$t = t'$ のときには，微小な Δ に対して $N_\Delta(t)$ は 0 か 1 しかとらないことを考えると，

$$E[N_\Delta(t)N_\Delta(t')] = E[N_\Delta^2(t)] = E[N_\Delta(t)] = \nu(t)\Delta \tag{3.21}$$

となる．そのため共分散密度関数 $C^*(t, t')$ は

$$C^*(t, t') = \nu(t)\delta(t - t') + C(t, t') \tag{3.22}$$

のように，ディラックのデルタ関数 $\delta(\cdot)$ を含む項と含まない項 $C(t, t')$ とに分けることができる． □

定常な点過程では，共分散密度関数 $C^*(t,t')$ は t と t' の時間差 $\tau = t' - t$ のみに依存する．これは，定常性の定義から $N_\Delta(t)$ と $N_\Delta(t+\tau)$ の同時分布が t に依存しないことからわかる．ここでデルタ関数を含まない共分散密度関数 $C(t,t')$ を時間差 $\tau = t' - t$ の関数として $C(\tau)$ と書き直すと，定常な点過程では

$$E\left[N_\Delta(t)N_\Delta(t+\tau)\right] = [C(\tau) + \nu^2 + \nu\delta(\tau)]\Delta^2 \quad (3.23)$$

となる．以降では $C(\tau)$ を単に自己相関関数と呼ぶことにする．自己相関関数はそれぞれのイベントの周りに他のイベントがどのように分布するかを特徴付ける．イベントから τ 離れた場所で，イベント発生強度が平均よりも高ければ $C(\tau) > 0$ となり，低ければ $C(\tau) < 0$ となる．定常ポアソン過程ではそれぞれのイベントは互いに独立に起こるので $C(\tau) = 0$ である．

第 4 章

更新過程

　第 2 章では点過程の中で最も基礎となるポアソン過程を扱い，定常ポアソン過程はイベント間間隔が独立に同一の指数分布に従う性質をもっていることを解説した．本章では，この性質を拡張した次の更新過程を扱う．

> **定義 4.1**　更新過程は，イベント間間隔 $\tau_i = t_{i+1} - t_i > 0$ がそれぞれ独立に，確率密度関数 f, 累積分布関数 F をもつ同一の連続確率分布に従う点過程である．

　ここで，定常ポアソン過程は f を指数分布とする更新過程の特殊形であることに注意されたい．

　本章では最初に，基準時点 $t_0 = 0$ を設けて以降 $t > 0$ におけるイベント発生を扱う半直線 $\mathbb{R}^+ = [0, \infty)$ 上の更新過程を解説し，その次に，イベント発生と関係なく無作為に選ばれた観察期間 $[0, T]$ を基準とする数直線 $\mathbb{R} = (-\infty, \infty)$ 上の定常更新過程を解説する．最後には，定常更新過程を時間変換することで得られる非定常な更新過程を紹介する．

4.1　$\mathbb{R}^+$ 上の更新過程

　独立同一分布に従う連続的な確率変数列 $\tau_0, \tau_1, \ldots$ を用いて，半直線 $\mathbb{R}^+ = [0, \infty)$ 上の更新過程のイベント発生時刻を

$$t_n = \tau_0 + \cdots + \tau_{n-1} \quad (n = 1, 2, \ldots) \tag{4.1}$$

と定義する．このとき，$0 < t_1 < t_2 < \cdots$ であるため $N(0,T)$ は $t_1 > T$ となる場合には 0 となり，そうでない場合には $t_n \leq T$ を満たす整数 n の最大値となる．

以降では，更新過程を特徴付けるイベント間間隔 τ_i のもつ確率密度関数 f および累積分布関数 F を出発点として，更新過程の満たす性質を導出していく．

4.1.1 確率密度関数

まず，基準時点 $t = 0$ から最初の n 個までのイベント発生時刻 $\bm{t}_n = \{t_1, t_2, \ldots, t_n\}$ に対する同時分布の確率密度関数 $p(\bm{t}_n)$ を導出する．途中までのイベント発生時刻 $t_1, \ldots, t_i$ はそのイベント間間隔 $\tau_0, \ldots, \tau_{i-1}$ から式 (4.1) により一意に決まるため，イベント間間隔 τ_i はそれまでのイベント発生時刻 $t_1, \ldots, t_i$ とは独立となる．したがって，$p(\bm{t}_n)$ を条件付き分布の確率密度関数へと分解することにより

$$\begin{aligned}
p(\bm{t}_n) &= p(t_1) \prod_{i=1}^{n-1} p(t_{i+1}|t_1, \ldots, t_i) \\
&= p(t_1) \prod_{i=1}^{n-1} p(t_{i+1} - t_i|t_1, \ldots, t_i) \\
&= p(\tau_0) \prod_{i=1}^{n-1} p(\tau_i|t_1, \ldots, t_i) \\
&= f(\tau_0) \prod_{i=1}^{n-1} f(\tau_i) \\
&= f(t_1) \prod_{i=1}^{n-1} f(t_{i+1} - t_i) \tag{4.2}
\end{aligned}$$

が得られる．すなわち，イベント発生時刻 $\bm{t}_n$ の同時分布の確率密度関数は，そのイベント間間隔に対する確率密度関数の積で表される．

一方，ある観察期間 $[0,T]$ における更新過程の確率密度関数を区別のた

め $p_{[0,T]}(\boldsymbol{t}_n)$ と表すと,式 (4.2) の確率密度関数に,最後のイベント発生時刻 $t = t_n$ から観測終了時刻 $t = T$ までイベントが起こらない確率

$$P(t_{n+1} > T) = P(\tau_n = t_{n+1} - t_n > T - t_n) = 1 - F(T - t_n) \quad (4.3)$$

を掛けることにより

$$p_{[0,T]}(\boldsymbol{t}_n) = f(t_1) \prod_{i=1}^{n-1} f(t_{i+1} - t_i)\{1 - F(T - t_n)\} \quad (4.4)$$

と導出される.特に,更新過程が強度 λ の定常ポアソン過程である場合には,各イベント間間隔が確率密度関数 (2.29) をもつ指数分布に独立に従うことから

$$\begin{aligned}
p_{[0,T]}(\boldsymbol{t}_n) &= f(t_1) \prod_{i=1}^{n-1} f(t_{i+1} - t_i)\{1 - F(T - t_n)\} \\
&= \lambda \exp(-\lambda t_1) \prod_{i=1}^{n-1} \lambda \exp[-\lambda(t_{i+1} - t_i)] \exp[-\lambda(T - t_n)] \\
&= \lambda^n \exp(-\lambda T) \quad (4.5)
\end{aligned}$$

となり,第 2 章で導出された定常ポアソン過程の確率密度関数 (2.15) が得られる.

次に,式 (4.2) に示した同時分布の確率密度関数から,2 番目以降のイベント発生時刻 $t_2, t_3, \ldots$ に対する周辺分布の確率密度関数を導出する.まず 2 番目のイベント発生時刻 t_2 の確率密度関数 $p(t_2)$ は,t_1 と t_2 の確率密度関数 $p(t_1, t_2)$ を t_1 について積分することで

$$p(t_2) = \int_0^\infty p(t_1, t_2) dt_1 = \int_0^\infty f(t_1) f(t_2 - t_1) dt_1 \quad (4.6)$$

と求まる.ここで,上式の最右辺の積分を確率密度関数 f の畳み込みといい,$p(t_2)$ を $f^{2*}(t_2)$ と表すことにする.以降 $k = 3, 4, \ldots$ についても,k 番目のイベント発生時刻 t_k の確率密度関数 f^{k*} は,$f^{(k-1)*}$ と f との畳み込みによって

$$f^{k*}(t_k) = \int_0^\infty p(t_k, t_{k-1}) dt_{k-1} = \int_0^\infty f^{(k-1)*}(t_{k-1}) f(t_k - t_{k-1}) dt_{k-1} \tag{4.7}$$

と再帰的に得ることができる．ただし，$t_k = t_{k-1} + \tau_{k-1}$ の関係から，t_k と t_{k-1} の同時確率密度関数が

$$\begin{aligned}
p(t_k, t_{k-1}) &= p(t_{k-1}) p(t_k | t_{k-1}) \\
&= p(t_{k-1}) p(t_k - t_{k-1} | t_{k-1}) \\
&= f^{(k-1)*}(t_{k-1}) f(t_k - t_{k-1})
\end{aligned} \tag{4.8}$$

となることを用いた．また，周辺分布の確率密度関数から，k 番目のイベント発生時刻 t_k の累積分布関数が

$$F^{k*}(t_k) = \int_0^{t_k} f^{k*}(t) dt \tag{4.9}$$

として得られる．

なお，イベント間間隔の確率分布が**再生性** (reproductive property) と呼ばれる性質をもっている場合，イベント間間隔の累積和である $t_2, t_3, \ldots$ の周辺分布は，イベント間間隔と同種の確率分布となる．再生性をもつ確率分布については 4.1.5 項にていくつか紹介する．

4.1.2 イベント数の分布

更新過程において観察期間 $[0, T]$ に発生するイベントの数 $N(0, T)$ の分布は，前項で導出した各イベント発生時刻 $t_1, t_2, \ldots$ の周辺分布と密接に関連している．式 (4.9) に示した各イベント発生時刻 $t_1, t_2, \ldots$ に対する周辺分布の累積分布関数を $F^{1*}, F^{2*}, \ldots$ と表す．このとき，観察期間 $[0, T]$ 内のイベント数 $N(0, T)$ が k 個以下になることと，$k+1$ 回目のイベント発生時刻 t_{k+1} が観測終了時点 $t = T$ より後に来ることは同値な事象であることから

$$P[N(0, T) \leq k] = P(t_{k+1} > T) = 1 - F^{(k+1)*}(T) \quad (k = 0, 1, 2, \ldots) \tag{4.10}$$

の関係式が得られる．したがって，イベント数 $N(0,T)$ の確率関数 P が

$$P(k) = P[N(0,T) \leq k] - P[N(0,T) \leq k-1]$$
$$= F^{k*}(T) - F^{(k+1)*}(T) \quad (k = 0, 1, 2, \ldots) \quad (4.11)$$

と得られる．ただし，$k=0$ のときは $F^{k*}(T) \equiv 1$ とおく．またこの期待値は，

$$E[N(0,T)] = \sum_{k=1}^{\infty} F^{k*}(T) \quad (4.12)$$

で与えられる．

$\mathbb{R}^+$ 上の更新過程では，イベント数の期待値 $E[N(0,T)]$ に関して，イベント間間隔の期待値を μ とおくと，

$$\lim_{T \to \infty} \frac{E[N(0,T)]}{T} = \frac{1}{\mu} \quad (4.13)$$

が成り立つことが知られている（**elementary renewal theorem** と呼ぶ）．このことは，長時間の観察ではイベントの平均発生率がイベント間間隔の期待値の逆数に一致することを示している．有限の時間でこの関係式が成立しないのは，$t_0 = 0$ の基準点を設けており，イベントの発生がそれに影響を受けるためである．

Elementary renewal theorem は以下のようにラプラス変換を用いて証明できる．新たな変数 T' を $T = hT'$ により導入し，

$$\lim_{h \to \infty} \frac{E[N(0,hT')]}{h} = \frac{T'}{\mu} \quad (4.14)$$

を示せばよい．まず，イベント間間隔の確率密度関数 f のラプラス変換を $\hat{f}$ とおくと，$E[N(0,T)]$ のラプラス変換は式 (4.12) から

$$\mathcal{L}(E[N(0,T)])(s) = \mathcal{L}\left[\sum_{k=1}^{\infty} F^{k*}(T)\right](s)$$
$$= \frac{\sum_{k=1}^{\infty}[\hat{f}(s)]^k}{s} \quad (\text{式 (1.44),(1.49) より}) \quad (4.15)$$

である．よって，$E[N(0,hT')]/h$ のラプラス変換は式 (1.43) より，

である. ここで h が大きな極限では

$$\hat{f}(s/h) \approx \hat{f}(0) + \hat{f}'(0)\frac{s}{h} = 1 - \frac{\mu s}{h} \approx \exp\left(-\frac{\mu s}{h}\right)$$

と近似できる（式 (1.50), (1.51) の関係式を用いた）．よって,

$$\mathcal{L}\left[\lim_{h\to\infty}\frac{E[N(0, hT')]}{h}\right](s) = \frac{1}{\mu s^2} \tag{4.17}$$

の関係式が得られ，これを逆ラプラス変換することにより，式 (4.14) が得られる．参考のため，より厳密な別の証明を付録 4.A.1 で解説する．

4.1.3 条件付き強度関数

ここでは，ある時刻 t までのイベントの発生履歴 $H_t = \{t_i|t_i < t\}$ が与えられたときの，時刻 t におけるイベント発生の強度である条件付き強度関数 $\lambda(t|H_t)$ を導出する．ある時刻 t までのイベント数を L とおくと，次に起こるイベントの発生時刻は $t_{L+1} = t_L + \tau_L$ となり，発生履歴 $H_t = \{t_i|t_i < t\}$ のうち直近のイベント発生時刻 t_L と，そこから次のイベント間間隔 τ_L にのみ依存することがわかる．さらに，最後のイベント発生から時刻 t までにはすでに $t - t_L$ の時間が経過していることから，$\tau_L \geq t - t_L$ の条件のもとで次のイベント間間隔 τ_L が決まることとなる．よって，条件付き強度関数の定義 (3.1) に従い微小な区間 $[t, t+\Delta]$ にイベントが起こる確率を求めると

$$\begin{aligned}\lambda(t|H_t) &= \frac{1}{\Delta}P(t \leq t_{L+1} \leq t + \Delta|H_t) \\ &= \frac{1}{\Delta}P(t - t_L \leq \tau_L = t_{L+1} - t_L \leq t - t_L + \Delta|\tau_L \geq t - t_L) \\ &= \frac{1}{\Delta}\frac{P(t - t_L \leq \tau_L \leq t - t_L + \Delta)}{P(\tau_L \geq t - t_L)} \\ &= \frac{1}{\Delta}\frac{f(t - t_L)\Delta}{1 - F(t - t_L)} \\ &= \frac{f(t - t_L)}{1 - F(t - t_L)}\end{aligned} \tag{4.18}$$

$$\mathcal{L}\left[\frac{E[N(0, hT')]}{h}\right](s) = \frac{\sum_{k=1}^{\infty}[\hat{f}(s/h)]^k}{hs} \tag{4.16}$$

が得られる.

式 (4.18) から，更新過程では条件付き強度関数 $\lambda(t|H_t)$ は最後のイベント発生からの経過時間 $t - t_L$ にのみ依存する．そのため，経過時間のみに依存する関数 $h(\tau) = \frac{f(\tau)}{1-F(\tau)}$ $(\tau > 0)$ を用いて，条件付き強度関数は $\lambda(t|H_t) = h(t - t_L)$ と表せる．ここで $h(\cdot)$ は**ハザード関数** (hazard function) と呼ばれる．同様に，ハザード関数の分母 $S(\tau) = 1 - F(\tau)$ $(\tau > 0)$ は**生存関数** (survival function) と呼ばれ，経過時間が τ の時点でまだイベントが発生していない確率，もしくはイベント間間隔が τ より大きな値をとる確率を表している．ハザード関数や生存関数は次に起こるイベントの発生を特徴付ける重要な関数であり，より詳細な解説を付録 4.B に加えた．

4.1.4 待ち時間の分布

定常ポアソン過程では，ある任意の時刻から次のイベントが起こるまでの待ち時間は，イベント間間隔と同一の指数分布に従うことを 2.1.4 項で解説した．更新過程では，ある時刻 t からの待ち時間 τ^* の分布は，直前のイベント t_L からの経過時間 $(t - t_L)$ に依存する．条件付き強度関数を導出したときと同様に，イベント間間隔 $\tau_L = t_{L+1} - t_L$ は $\tau_L > t - t_L$ という条件のもとで決まることになり，さらにイベント間間隔は待ち時間を用いて $\tau_L = t_{L+1} - t_L = \tau^* + (t - t_L)$ のように表されることから，待ち時間の分布は，

$$\begin{aligned}
p(\tau^*|t - t_L) &= p[\tau_L = (t - t_L) + \tau^* | \tau_L > t - t_L] \\
&= \frac{p\left[\tau_L = (t - t_L) + \tau^*\right]}{p\left[\tau_L > t - t_L\right]} \\
&= \frac{f((t - t_L) + \tau^*)}{1 - F(t - t_L)}
\end{aligned} \quad (4.19)$$

で与えられる．

イベント間間隔の分布 f が指数分布である場合（定常ポアソン過程）には，式 (4.19) の待ち時間の分布 $p(\tau^*|t - t_L)$ はイベント間間隔の分布と同一の指数分布になることは各自確認されたい．

4.1.5 更新過程に用いられる確率分布

ここでは，更新過程のイベント間間隔の確率分布として利用される主な分布をいくつか紹介する．各分布の確率密度関数およびハザード関数の例を図 4.1 から図 4.4 までに示しているので，併せて参照されたい．

● **指数分布**

イベント間間隔が第 2 章で紹介した指数分布 (2.25) に従うと仮定した更新過程は前述の通り定常ポアソン過程となる．

指数分布は $f(\tau|\beta) = \frac{1}{\beta}\exp(-\tau/\beta)$ $(\tau \geq 0)$ の形の確率密度関数をもち，その期待値は $E[\tau] = \beta$, 分散は $V[\tau] = \beta^2$ となる．また，$\tau \geq 0$ のとき，累積分布関数は $F(\tau|\beta) = 1 - \exp(-\tau/\beta)$, 生存関数は $S(\tau|\beta) = 1 - F(\tau|\beta) = \exp(-\tau/\beta)$ となるため，ハザード関数は $h(\tau|\beta) = f(\tau|\beta)/S(\tau|\beta) = 1/\beta$ のように定数となる．すなわち，定常ポアソン過程はイベントの発生履歴とは無関係に常に一定の条件付き強度 $\lambda(t|H_t) = 1/\beta$ をもつ．

● **ガンマ分布**

ガンマ分布は

$$f(\tau|\alpha,\beta) = \frac{\tau^{\alpha-1}}{\beta^\alpha \Gamma(\alpha)} \exp\left(-\frac{\tau}{\beta}\right) \quad (\tau \geq 0) \tag{4.20}$$

の形の確率密度関数をもつ確率分布であり，その期待値は $E[\tau] = \alpha\beta$, 分散は $V[\tau] = \alpha\beta^2$ となる．ただし，$\Gamma(\alpha) = \int_0^\infty x^{\alpha-1}\exp(-x)dx$ はガンマ関数と呼ばれる．$\alpha = 1$ のとき指数分布となるため，指数分布の一つの拡張形と見なすことができるが，生存関数やハザード関数は積分のない簡単な式に表すことはできない．ガンマ分布のハザード関数は，図 4.1 のように時間経過とともに一定の値 $1/\beta$ へと収束する．

また，ガンマ分布は再生性をもち，$k = 2, 3, \ldots$ に対して k 番目のイベント発生時刻 t_k もガンマ分布に従い，その周辺確率密度関数 (4.7) は $f^{k*}(t_k|\alpha,\beta) = f(t_k|k\alpha,\beta)$ と表される．このことから，イベント間間隔が指数分布に従う強度 λ の定常ポアソン過程についても，k 番目のイベン

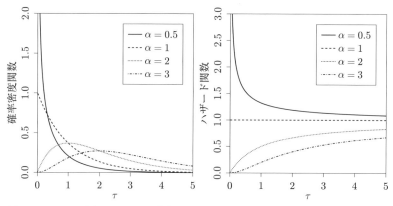

図 4.1 ガンマ分布 ($\beta = 1$) の確率密度関数 $f(\tau|\alpha,\beta)$ とハザード関数 $h(\tau|\alpha,\beta)$

ト発生時刻 t_k はガンマ分布に従い，その周辺確率密度関数は式 (4.20) を用いて $f(t_k|k, 1/\lambda)$ と表されることがわかる．

● ワイブル分布

ワイブル分布は

$$f(\tau|\alpha,\beta) = \frac{\alpha}{\beta}\left(\frac{\tau}{\beta}\right)^{\alpha-1} \exp\left[-\left(\frac{\tau}{\beta}\right)^\alpha\right] \quad (\tau \geq 0) \tag{4.21}$$

の形の確率密度関数をもつ確率分布であり，その期待値と分散はガンマ関数 Γ を用いて $E[\tau] = \beta\Gamma(1+1/\alpha), V[\tau] = \beta^2\{\Gamma(1+2/\alpha) - \Gamma(1+1/\alpha)^2\}$ となる．ガンマ分布と同様に $\alpha = 1$ のとき指数分布となるため，指数分布の一つの拡張形と見なすことができるが，ワイブル分布は再生性をもたない．

ワイブル分布は古くから生存時間解析に利用されてきた確率分布である．その理由には，生存関数が

$$S(\tau|\alpha,\beta) = 1 - F(\tau|\alpha,\beta) = \exp\left[-\left(\frac{\tau}{\beta}\right)^\alpha\right] \quad (\tau \geq 0) \tag{4.22}$$

となるため，生存関数の対数 $\log S(\tau|\alpha,\beta) = -(\tau/\beta)^\alpha$ が経過時間の冪関数に従って変化する関係性からパラメータ推定がしやすい点が挙げられる．また，ハザード関数も

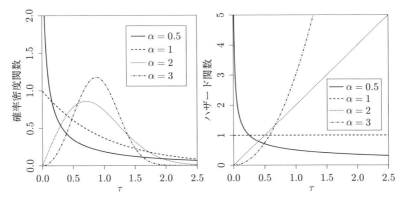

図 4.2 ワイブル分布 ($\beta = 1$) の確率密度関数 $f(\tau|\alpha,\beta)$ とハザード関数 $h(\tau|\alpha,\beta)$

$$h(\tau|\alpha,\beta) = \frac{\alpha}{\beta}\left(\frac{\tau}{\beta}\right)^{\alpha-1} \quad (\tau \geq 0) \tag{4.23}$$

であり，図 4.2 のように経過時間の冪関数に従って変化する．

●逆ガウス分布

逆ガウス分布は

$$f(\tau|\mu,\xi) = \sqrt{\frac{\xi}{2\pi\tau^3}} \exp\left[-\frac{\xi(\tau-\mu)^2}{2\mu^2\tau}\right] \quad (\tau \geq 0) \tag{4.24}$$

の形の確率密度関数をもつ確率分布であり，その期待値は $E[\tau] = \mu$，分散は $V[\tau] = \mu^3/\xi$ となる．その名前はキュムラント母関数（モーメント母関数の対数）が，正規（ガウス）分布のキュムラント母関数の逆関数となっていることに由来しており，正規分布に従う確率変数の逆数が従う分布というわけではない．

逆ガウス分布は，ドリフト付きのブラウン運動がある閾値を初めて超えるまでの時間が従う確率分布となっている．標準ブラウン運動を $\{W(t)\}_{t\geq 0}$，$W(0) = 0$，$W(t) \sim N(0,t)$ と表し，ドリフト付きのブラウン運動を $X(t) = \nu t + \sigma W(t)$ とおくと，$X(t)$ がある閾値 $c > 0$ を初めて超える時刻 $\inf\{t > 0 | X(t) > c\}$ はパラメータ $\mu = c/\nu$，$\xi = c^2/\sigma^2$ の逆ガウス分布に従う．ゆえに，逆ガウス分布の更新過程は，ドリフト付きブラウン運動 $X(t)$ と関連して $X(t)$ がある閾値 c の倍数 kc, $k = 1, 2, \ldots$

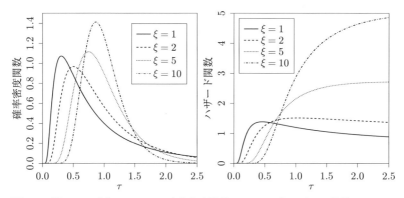

図 4.3 逆ガウス分布 ($\mu = 1$) の確率密度関数 $f(\tau|\mu, \xi)$ とハザード関数 $h(\tau|\mu, \xi)$

を超えるたびにイベントが発生する点過程と見なすことができる．例えば，活断層における地震の発生プロセスとして，地震を起こそうとする応力の変動を $X(t)$ に見立てることで，地震発生時刻の系列に逆ガウス分布の更新過程が当てはめられている．

逆ガウス分布の生存関数は，標準正規分布の累積分布関数 Φ を用いて

$$S(\tau|\mu, \xi) = \Phi\left(\sqrt{\frac{\xi}{\tau}}\left(1 - \frac{\tau}{\mu}\right)\right)$$
$$- \exp\left(\frac{2\xi}{\mu}\right) \Phi\left(\sqrt{\frac{\xi}{\tau}}\left(-1 - \frac{\tau}{\mu}\right)\right) \quad (\tau \geq 0) \quad (4.25)$$

と表され，ハザード関数は確率密度関数と生存関数との比により表される．逆ガウス分布のハザード関数は，図 4.3 のように時間経過とともに一定の値 $\xi/2\mu^2$ へと収束する．

逆ガウス分布は再生性をもち，$k = 2, 3, \ldots$ に対して k 番目のイベント発生時刻 t_k の周辺確率密度関数は $f^{k*}(t_k|\mu, \xi) = f(t_k|k\mu, k^2\xi)$ と表される．

● **対数正規分布**

対数正規分布は，期待値 μ，分散 σ^2 の正規分布に従う確率変数 Z を指数関数により $\tau = e^Z$ と変換したときに τ が従う確率分布であり，確率密

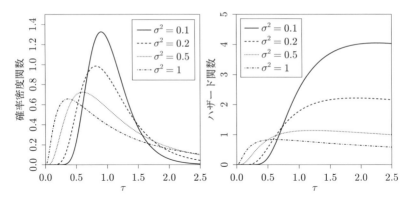

図 4.4 対数正規分布 ($\mu = 0$) の確率密度関数 $f(\tau|\mu,\sigma^2)$ とハザード関数 $h(\tau|\mu,\sigma^2)$

度関数は

$$f(\tau|\mu,\sigma^2) = \frac{1}{\tau\sigma\sqrt{2\pi}} \exp\left[-\frac{(\log\tau-\mu)^2}{2\sigma^2}\right] \quad (\tau \geq 0) \quad (4.26)$$

の形をとり，その期待値は $E[\tau] = e^{\mu+\sigma^2/2}$，分散は $V[\tau] = e^{2\mu+\sigma^2}(e^{\sigma^2}-1)$ となる．

対数正規分布の生存関数は，標準正規分布の累積分布関数 Φ を用いて

$$S(\tau|\mu,\sigma^2) = 1 - \Phi\left(\frac{\log\tau-\mu}{\sigma}\right) \quad (\tau \geq 0) \quad (4.27)$$

と表され，ハザード関数は確率密度関数と生存関数との比により表される．

図 4.4 に示された対数正規分布の確率密度関数およびハザード関数は，図 4.3 の逆ガウス分布のものと近い推移をする．しかし，対数正規分布のハザード関数は，時間経過とともにゆっくりではあるが 0 へと収束する．

4.2 $\mathbb{R}$ 上の定常更新過程

前節で扱った更新過程は，$t=0$ を起点とするイベント間間隔の後に最初のイベントが観測されるように定義されていた．しかし，例えばある活断層で起こる地震のように，観測を始めるはるか以前から繰り返されているイベントの場合，観測以前にいつイベントがあったかわからない状況で

観察期間の最初のイベントが観測されることとなる.このとき,観測開始時刻から最初のイベント発生時刻までの間隔は,通常のイベント間間隔とは異なるため,その確率分布も異なることに留意しなければならない.

上記のような起点をもたず無限の過去から無限の将来まで繰り返される更新過程では,イベント数 $N(0,T)$ の確率分布が区間の時間シフト $N(t,T+t)$ に対して不変という定常性を満たすと考えるのが自然である.そのような数直線 $\mathbb{R} = (-\infty, \infty)$ 上の更新過程を定常更新過程と呼び,イベントの起こりやすさである平均強度関数 $\nu(t)$ が時間 t によらず一定であれば更新過程は定常性を満たすため,ここでは定常更新過程を次のように定義しておく.

定義 4.2 平均強度関数 $\nu(t)$ が時刻 t によらず一定となる数直線 $\mathbb{R}$ 上の更新過程を,定常更新過程という.

以降では,観測開始時刻を $t=0$ とし,観測開始から最初に観測されたイベントの発生時刻を t_1 と表すことで,各イベント発生時刻を $\cdots < t_{-1} < t_0 < 0 \leq t_1 < t_2 < \cdots$ と表す.そして,各イベント間間隔 $\tau_i = t_{i+1} - t_i > 0$ $(i = \ldots, -1, 0, 1, \ldots)$ が独立に従う連続確率分布について,確率密度関数 f および累積分布関数 F をもち,さらに有限の期待値 μ をもつことを仮定する.また,導出順序の都合により,本節では前節と異なり,平均強度関数,イベント数の確率分布,更新過程の確率密度関数,条件付き強度関数の順に定常更新過程の性質を扱う.

4.2.1 平均強度関数

最初に,定常更新過程の平均強度関数 $\nu(t)$ を導出する.定常性から平均強度関数 $\nu(t)$ は時間 t によらず一定であり,イベント間間隔の期待値が μ であることを考えれば,平均強度関数すなわちイベントの発生頻度はその逆数 $\nu(t) = 1/\mu$ となることが容易に想像できるが,このことは次のようにして確かめられる.

イベント間間隔が連続確率分布に従う更新過程では同時刻に複数のイベントは起こりえないため,時間によらず一定の平均強度関数を $\nu(t) = \nu$

と表すと，

$$E[N(0,t)] = \int_0^t \nu(t)dt = \nu t \tag{4.28}$$

となる．さらに，定常な点過程でも

$$\lim_{t \to \infty} \frac{E[N(0,t)]}{t} = \frac{1}{\mu} \tag{4.29}$$

が成立する．これは 4.1.2 項の elementary renewal theorem とほぼ同じ方法で証明できる．左辺は式 (4.28) から t によらず $E[N(0,t)]/t = \nu$ であり，ゆえに $\nu = 1/\mu$ がいえた．

4.2.2 イベント数の分布

$\mathbb{R}$ 上の定常な更新過程において，観察期間 $[0, T]$ に発生するイベント数 $N(0, T)$ の分布は，$t = 0$ を起点とする $\mathbb{R}^+$ 上の更新過程とは異なる．イベント数が $N(0, T) \leq k$ である事象は，時刻 T から逆向きに数えて $(k+1)$ 番目のイベントの発生時刻 $t_{k+1}^{\leftarrow T}$ が $t_{k+1}^{\leftarrow T} < 0$ を満たす事象と同値であるので，

$$P[N(0,T) \leq k] = \int_{-\infty}^0 p(t_{k+1}^{\leftarrow T}) dt_{k+1}^{\leftarrow T}$$

$$= \lim_{\Delta \to 0} \sum_{i=0}^\infty P\left[t_{k+1}^{\leftarrow T} \in [-(i+1)\Delta, -i\Delta]\right] \tag{4.30}$$

が成り立つ．さらに，$t_{k+1}^{\leftarrow T} \in [-(i+1)\Delta, -i\Delta]$ という事象は区間 $[-(i+1)\Delta, -i\Delta]$ で一つのイベントが発生し，かつ区間 $[-i\Delta, T]$ でのイベント数が k である事象と同値なので，$N_{-\Delta}^i = N(-(i+1)\Delta, -i\Delta)$ の表記を用いると，

$$P[N(0,T) \leq k] = \lim_{\Delta \to 0} \sum_{i=0}^\infty P[N(-i\Delta, T) = k, N_{-\Delta}^i = 1]$$

$$= \lim_{\Delta \to 0} \sum_{i=0}^\infty P[N(-i\Delta, T) = k | N_{-\Delta}^i = 1] P(N_{-\Delta}^i = 1)$$

$$\tag{4.31}$$

4.2 ℝ上の定常更新過程

を得る．$P[N(-i\Delta, T) = k | N^i_{-\Delta} = 1]$ は 4.1.2 項にて示した起点が与えられた更新過程のイベント数の分布 (4.11) より計算でき，$P(N^i_{-\Delta} = 1)$ は定常性の仮定より Δ/μ であるので，

$$P[N(0,T) \leq k] = \lim_{\Delta \to 0} \sum_{i=0}^{\infty} \frac{F^{k*}(T+i\Delta) - F^{(k+1)*}(T+i\Delta)}{\mu} \Delta$$

$$= \int_T^{\infty} \frac{F^{k*}(t) - F^{(k+1)*}(t)}{\mu} dt \qquad (4.32)$$

となる．また，以下の計算のために，式 (1.16) から得られる $\int_0^{\infty}[1 - F^{k*}(t)]dt = k\mu$ の関係式を用いて，$1 - P[N(0,T) \leq k]$ を整理しておくと，

$$1 - P[N(0,T) \leq k] = \int_0^T \frac{F^{k*}(t) - F^{(k+1)*}(t)}{\mu} dt \qquad (4.33)$$

となる．

定常性の仮定から，イベント数の期待値に関して $E[N(0,T)] = T/\mu$ が成立するが，これは実際に以下のようにして確かめることができる．イベント数の期待値 $E[N(0,T)]$ は，式 (1.6) の累積分布と期待値に関する関係式を用いると，

$$E[N(0,T)] = \sum_{k=0}^{\infty} 1 - P[N(0,T) \leq k]$$

$$= \sum_{k=0}^{\infty} \int_0^T \frac{F^{k*}(t) - F^{(k+1)*}(t)}{\mu} dt \qquad (4.34)$$

と求まる．ここで，式 (4.34) の両辺にラプラス変換を適用するが，$f(t)$ のラプラス変換を $\hat{f}(s)$ とおき，

$$\mathcal{L}\left[\int_0^T F^{k*}(t)dt\right](s) = \frac{[\hat{f}(s)]^k}{s^2} \qquad (\text{式 }(1.45),(1.49)\text{ より}) \qquad (4.35)$$

の関係式を用いると，

$$\mathcal{L}\bigl[E[N(0,T)]\bigr](s) = \sum_{k=0}^{\infty} \frac{[\hat{f}(s)]^k - [\hat{f}(s)]^{k+1}}{\mu s^2}$$
$$= \sum_{k=0}^{\infty} \frac{1 - \hat{f}(s)}{\mu s^2}[\hat{f}(s)]^k$$
$$= \frac{1}{\mu s^2} \qquad (4.36)$$

となる.そして,式 (4.36) に逆ラプラス変換を適用することで,式 (1.42) より,$E[N(0,T)] = T/\mu$ が得られる.

また,定常な更新過程でのイベント数の分散を厳密的に求めるのは一般には難しいが,後に解説するように,観察時間が十分長いときには近似式 (4.47) を用いて評価できる.

4.2.3 確率密度関数

観測開始から最初に観測されたイベント発生時刻 t_1 の累積分布関数を F_1 とおき,式 (4.33) で $k=0$ としたものを用いると,

$$F_1(t) = 1 - P[N(0,t) = 0] = \int_0^t \frac{1 - F(s)}{\mu} ds \qquad (4.37)$$

となり,確率密度関数を f_1 とおくと

$$f_1(t) = \frac{dF_1(t)}{dt} = \frac{1 - F(t)}{\mu} \qquad (4.38)$$

となる.定常な更新過程における観測開始から最初のイベント発生時刻までの間隔は forward recurrence time と呼ばれ,イベント間間隔とは異なる分布に従う.定常更新過程の forward recurrence time が従う分布の導出には,更新過程の点配置がすでに生成された数直線上にランダムに観測開始点を定めたときの,観測開始点から次の点までの時間間隔の分布として導出する方法もあり [22],このことは 4.2.5 項でも説明する.

同様に,k 番目のイベント発生時刻 t_k に対する周辺分布の累積分布関数および確率密度関数も式 (4.10) の関係式から導出できる.

また,観察期間 $[0,T]$ の定常更新過程の確率密度関数 $p_{[0,T]}(\boldsymbol{t}_n)$ は,4.1.1 項の $\mathbb{R}^+$ 上の更新過程の確率密度関数の導出と同じ方法で導出でき

る．式 (4.4) において，最初のイベントの発生時刻 t_1 に対する確率密度関数 $f(t_1)$ を forward recurrence time の従う確率密度関数に置き換えるだけでよい．

定理 4.3 観察期間 $[0,T]$ の定常な更新過程の確率密度関数 $p_{[0,T]}(\bm{t}_n)$ は

$$p_{[0,T]}(\bm{t}_n) = \frac{1-F(t_1)}{\mu} \prod_{k=1}^{n-1} f(t_{k+1}-t_k)\{1-F(T-t_n)\} \tag{4.39}$$

で与えられる．

4.2.4 条件付き強度関数

4.1.3 項にて述べたように，更新過程の条件付き強度関数 $\lambda(t|H_t)$ は直前のイベントからの経過時間にのみ依存するため，定常な更新過程においても直前のイベント発生時刻がわかっている場合の条件付き強度関数は式 (4.18) のようになる．

しかし，定常な更新過程の最初のイベントに関する条件付き強度関数は，直前のイベント発生時刻がわかっていないために異なる形をとる．観測開始時刻を 0 として，時刻 t までにイベントが起こらなかったときの条件付き強度は

$$\begin{aligned}
\lambda(t|H_t) &= \frac{1}{\Delta} P(t < t_1 \leq t+\Delta | H_t) \\
&= \frac{1}{\Delta} P(t < t_1 \leq t+\Delta | t_1 > t) \\
&= \frac{1}{\Delta} \frac{P(t < t_1 \leq t+\Delta)}{P(t_1 > t)} \\
&= \frac{f_1(t)}{1-F_1(t)} \\
&= \frac{1-F(t)}{\int_t^\infty \{1-F(s)\}ds}
\end{aligned} \tag{4.40}$$

と求まる．

4.2.5 待ち時間の分布

本項では，forward recurrence time の従う分布のより直感的な導出を与えるとともに，待ち時間のパラドックスと呼ばれる現象について解説する．

ここでは，$\mathbb{R}$ 上に更新過程の点配置がすでに与えられているときに，ランダムに選ばれた時刻からの待ち時間 τ^* が従う分布を調べる．まず，ランダムに選ばれた時刻が長さ τ のイベント間間隔の中に含まれる確率密度 $q(\tau)$ を求めよう．この確率は，イベント間間隔の従う確率密度関数 $f(\tau)$ とイベント間間隔 τ の積に比例する．というのは，例えば同じ確率で出現する長さの異なる二つのイベント間間隔を比べると，ランダムに選ばれた時刻は短い間隔よりも長い間隔に相対的に含まれやすいからである．そのため，$q(\tau)$ は

$$
\begin{aligned}
q(\tau) &= \frac{\tau f(\tau)}{\int_0^\infty x f(x) dx} \\
&= \frac{\tau f(\tau)}{E[\tau]}
\end{aligned} \tag{4.41}
$$

と求まる．ただし $E[\tau]$ はイベント間間隔の期待値である．ランダムに選ばれた時刻は，それが含まれているイベント間間隔内で一様に分布する．よって，ランダムに選ばれた時刻が長さ τ のイベント間間隔に含まれる条件のもとでの待ち時間 τ^* の確率密度関数は $w(\tau^*|\tau) = 1/\tau$ ($0 \leq \tau^* \leq \tau$) である．よって，待ち時間の確率密度関数 $w(\tau^*)$ は，

$$
w(\tau^*) = \int_{\tau^*}^\infty w(\tau^*|\tau) q(\tau) d\tau = \frac{1}{E[\tau]} \int_{\tau^*}^\infty f(\tau) d\tau \tag{4.42}
$$

と求まる．この分布は，$E[\tau]$ を μ と書き換えると，式 (4.38) の定常更新過程で観測開始から最初のイベントが発生するまでの時間 (forward recurrence time) の分布に一致する．そのため定常更新過程における観測開始点は，更新過程の点配置がすでに生成された数直線上からランダムに選ばれた点と解釈することもできる．

待ち時間分布を特徴付けるために，この期待値 $E[\tau^*]$ を求めよう．これは，

$$
\begin{aligned}
E[\tau^*] &= \int_0^\infty \tau^* w(\tau^*) d\tau^* \\
&= \frac{1}{E[\tau]} \int_0^\infty \tau^* \left[\int_{\tau^*}^\infty f(\tau) d\tau \right] d\tau^* \\
&= \frac{1}{E[\tau]} \int_0^\infty f(\tau) \left[\int_0^\tau \tau^* d\tau^* \right] d\tau \\
&= \frac{E[\tau^2]}{2E[\tau]} \\
&= \frac{V[\tau] + E[\tau]^2}{2E[\tau]} \\
&= \frac{E[\tau]}{2} \left(1 + \frac{V[\tau]}{E[\tau]^2} \right)
\end{aligned}
\tag{4.43}
$$

と求まる．ただし $V[\tau]$ はイベント間間隔の分散である．

定常ポアソン過程の場合には $V[\tau] = E[\tau]^2$ が成り立つことから，待ち時間の期待値とイベント間間隔の期待値は一致する．イベント間間隔のばらつき $V[\tau]/E[\tau]^2$ が 1 よりも小さい場合には，待ち時間の期待値 $E[\tau^*]$ はイベント間間隔の期待値 $E[\tau]$ よりも小さくなる．逆に，$V[\tau]/E[\tau]^2$ が 1 よりも大きい場合には，待ち時間の期待値 $E[\tau^*]$ はイベント間間隔の期待値 $E[\tau]$ よりも大きくなる．ランダムに選ばれた時刻は隣接するイベントの間に含まれているにもかかわらず，待ち時間の期待値がイベント間間隔の期待値よりも大きくなることがあるのは，矛盾のように感じられるかもしれない．この現象は**待ち時間のパラドックス** (waiting time paradox) と呼ばれる．しかしながら，イベント間間隔のばらつきが大きな更新過程では，非常に長いイベント間間隔が発生しやすく，ランダムに選ばれた時刻はそのようなイベント間間隔に含まれやすいことから，待ち時間の期待値が大きくなるのである．

4.3 更新過程を特徴付ける指標

これまで説明してきたように，更新過程はイベント間間隔の分布によって完全に特徴付けられる．その一方で，イベント間間隔の分布そのものか

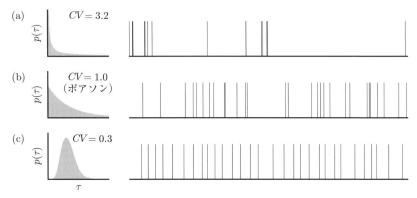

図 4.5 イベント間間隔の分布のばらつきの異なる更新過程の例．それぞれのイベント列のイベント間間隔は互いに独立に左のパネルの確率分布に従っている．それぞれのイベント列のイベント数は同一である．

ら，その過程に関する直感的な理解を得るのは難しく，何らかの指標を用いて更新過程を特徴付ける方がしばしば有用である．そこで，ここでは更新過程を特徴付ける指標をいくつか導入する．

4.3.1 イベント間間隔の変動係数

更新過程を特徴付ける一つの方法は，イベント間間隔の分布のばらつき具合を定量化することである．図 4.5 はイベント間間隔の分布のばらつき具合の異なる更新過程の例を示したものである．一番上の例のように，ばらつきが大きい場合には，短期間のうちに複数のイベントが起こり，その後比較的長い時間イベントが発生しないような，バースト状のイベント列が観測される．逆に一番下の例のように，ばらつきが小さい場合には，同じような間隔でイベントが起こりやすい，規則的なイベント列が観測される．このようにばらつきの大きさにより，イベントの発生の仕方は大きく異なる．

このようなイベント間間隔の分布のばらつきを表す指標として**変動係数** (coefficient of variation) がある．変動係数 CV はイベント間間隔 τ の分布の期待値 $E[\tau]$ と分散 $V[\tau]$ を用いて，

4.3 更新過程を特徴付ける指標

$$CV = \frac{\sqrt{V[\tau]}}{E[\tau]} \quad (4.44)$$

と定義される．イベント間間隔が指数分布に従う場合には（図 4.5(b)），つまり定常ポアソン過程の場合には，変動係数は 1 をとる．そして，指数分布よりもばらつきが大きい場合には（図 4.5(a)），変動係数は 1 より大きな値をとり，ばらつきが小さい場合には（図 4.5(c)），1 より小さな値をとる．

また，この変動係数の性質は与えられたイベント列がどのような過程に従っているかを考えるにあたって有用である．ここでは与えられたデータが何らかの更新過程に従っていると仮定しよう．このとき，データから計算された変動係数が 1 に近ければ，イベント発生は定常ポアソン過程でよく近似できると考えられる．そうでない場合には，イベント間間隔の分布のばらつき具合を変動係数から特徴付けることができる．

また，非定常な更新過程にも適用可能な**局所変動係数** (local variation) という指標もある [19]．

4.3.2 イベント数の Fano 因子

イベント数の分布のばらつき具合を用いて，更新過程を特徴付けることもできる．このための指標として，**Fano 因子** (Fano factor) がある．長さが T の観察期間でのイベント数 N_T の期待値と分散をそれぞれ $E[N_T]$ と $V[N_T]$ とすると，Fano 因子は

$$F_T = \frac{V[N_T]}{E[N_T]} \quad (4.45)$$

と定義される．イベント間間隔が指数分布に従う場合，つまり定常ポアソン過程の場合には，Fano 因子は観察期間の長さによらず 1 をとる．

イベント数の Fano 因子はイベント間間隔の変動係数と密接な関係がある．直感的には，イベント間間隔のばらつきの小さな規則的なイベント列では，イベント数のばらつきも小さいと期待でき，逆にイベント間間隔のばらつきの大きなバースト状のイベント列では，イベント数のばらつきも大きいと期待できるであろう．実際に，更新過程では観察期間が長い極限

で関係式

$$\lim_{T \to \infty} F_T = CV^2 \tag{4.46}$$

が成立する [5]．証明は付録 4.A.2 で解説する．

ほとんどの場合，更新過程でのイベント数の分散を厳密に求めるのは難しいが，この関係式を用いることで観察期間が十分長いときのイベント数の分散の近似式を得ることができる．定常な更新過程では $E[N_T] = T/E[\tau]$ であることから，観察期間が十分長いときのイベント数の分散は，式 (4.46) から

$$V[N_T] \approx \frac{V[\tau]}{E[\tau]^3} T \tag{4.47}$$

でよく近似できる．

4.4 非定常更新過程

4.2 節では平均強度関数が定数となる定常更新過程を扱ったが，現実にはある時期にはイベント間間隔が長くなったり，ある時期には短くなったりすることもある．時間に応じた平均強度関数 $\nu(t)$ をもち，強度の高低によってイベント間間隔が変わるような非定常な性質をもつ更新過程は，定常更新過程の時間変換によって構築することができ，これを**非定常更新過程**という．

> **定義 4.4** 観察期間 $[0, T]$ におけるイベント $\bm{t}_n = \{t_1, t_2, \ldots, t_n\}$ に対して，時間変換
>
> $$t' = \Lambda(t) = \int_0^t \nu(s) ds \tag{4.48}$$
>
> を適用して得られるイベント $\bm{t}'_n = \{\Lambda(t_1), \Lambda(t_2), \ldots, \Lambda(t_n)\}$ が，観察期間 $[0, \Lambda(T)]$ における平均強度 1 の定常な更新過程に従っているとき，イベント $\bm{t}_n$ は平均強度関数 $\nu(t)$ の非定常更新過程に従っていると定義する．

4.4 非定常更新過程

第2章では非定常ポアソン過程に強度関数に沿った時間変換を行うことで，強度1の定常ポアソン過程が得られること（時間変換定理）を述べた．同様に，非定常更新過程では平均強度関数に沿った時間変換を行うと，平均強度1の定常更新過程が得られる．非定常更新過程はトレンド更新過程とも呼ばれる [11]．本節ではこの非定常更新過程の性質について扱う．

以下では，時間変換後の更新過程のイベント間間隔が従う期待値 $\mu = 1$ の確率密度関数を f，累積分布関数を F とする．そして，F^{k*} は確率密度関数 f から式 (4.7) および (4.9) により与えられる，f の k 次の畳み込み分布の累積分布関数とする．

4.4.1 確率密度関数

非定常更新過程の確率密度関数は変数変換の公式 (1.28) を用いて導出することができる．観察期間 $[0, T]$ における非定常更新過程の確率密度関数を $p_{[0,T]}(\bm{t}_n)$ とおき，時間変換後の観察期間 $[0, \Lambda(T)]$ における確率密度関数を $p_{[0,\Lambda(T)]}(\bm{t}'_n)$ とおくと，

$$p_{[0,T]}(\bm{t}_n) = p_{[0,\Lambda(T)]}(\bm{t}'_n) |\det(J^{t',t})| \tag{4.49}$$

が成り立つ．ここで $J^{t',t}$ は対角行列なので，その行列式は

$$\begin{aligned} \det(J^{t',t}) &= \prod_{i=1}^{n} \frac{\partial t'_i}{\partial t_i} \\ &= \prod_{i=1}^{n} \nu(t_i) \end{aligned} \tag{4.50}$$

である．また，非定常更新過程の定義 4.4 より，時間変換後の確率密度関数 $p_{[0,\Lambda(T)]}(\bm{t}'_n)$ は式 (4.39) の定常更新過程の確率密度関数により与えられ，

$$p_{[0,\Lambda(T)]}(\boldsymbol{t}'_n)$$
$$= [1 - F(\Lambda(t_1))]\prod_{i=1}^{n-1} f(\Lambda(t_{i+1}) - \Lambda(t_i))\{1 - F(\Lambda(T) - \Lambda(t_n))\}$$
(4.51)

である．よって，以下を得る．

定理 4.5 観察期間 $[0,T]$ の平均強度関数 $\nu(t)$ の非定常更新過程の確率密度関数 $p_{[0,T]}(\boldsymbol{t}_n)$ は

$$p_{[0,T]}(\boldsymbol{t}_n) = \prod_{i=1}^{n} \nu(t_i)$$
$$\times \{1 - F(\Lambda(t_1))\}\prod_{i=1}^{n-1} f(\Lambda(t_{i+1}) - \Lambda(t_i))\{1 - F(\Lambda(T) - \Lambda(t_n))\}$$
(4.52)

で与えられる．

4.4.2 イベント数の分布

観察期間 $[0,T]$ における非定常更新過程のイベント数 $N(0,T)$ の分布は，時間変換後の定常更新過程のイベント数の分布と同一である．それゆえ，イベント数の分布は式 (4.32) より

$$P[N(0,T) \leq k] = \int_{\Lambda(T)}^{\infty} \{F^{k*}(t) - F^{(k+1)*}(t)\}dt \quad (4.53)$$

となる．

4.4.3 イベント間間隔の分布

非定常更新過程におけるイベント間間隔の確率密度関数は，すべてのイベント間間隔が独立に同一分布に従う更新過程とは異なり，平均強度が時間変化するために前のイベント発生時刻に依存する．直近のイベント発生時刻 t_L が与えられたとき，その次のイベントまでのイベント間間

4.4 非定常更新過程

隔 $\tau_L = t_{L+1} - t_L$ に対する条件付き分布の確率密度関数を $f_L(\tau|t_L)$,累積分布関数を $F_L(\tau|t_L)$ と表す.このとき,時間変換後のイベント間間隔 $\tau'_L = \Lambda(\tau_L + t_L) - \Lambda(t_L)$ が累積分布関数 F をもつ確率分布に従うことを利用して,τ_L の累積分布関数が

$$\begin{aligned} F_L(\tau|t_L) &= P(\tau_L \leq \tau) \\ &= P[\tau'_L \leq \Lambda(\tau + t_L) - \Lambda(t_L)] \\ &= F(\Lambda(\tau + t_L) - \Lambda(t_L)) \end{aligned} \quad (4.54)$$

と求まり,よって,τ_L の確率密度関数も

$$f_L(\tau|t_L) = \frac{dF_L(\tau)}{d\tau} = \nu(\tau + t_L) f(\Lambda(\tau + t_L) - \Lambda(t_L)) \quad (4.55)$$

と求まる.

また,観測開始から最初に観測されたイベント発生時刻 t_1 の累積分布関数を F_1 とおくと,非定常更新過程のイベント数の分布 (4.53) より

$$F_1(t) = 1 - P[N(0, t) = 0] = \int_0^{\Lambda(t)} \{1 - F(s)\} ds \quad (4.56)$$

となり,確率密度関数を f_1 とおくと

$$f_1(t) = \frac{dF_1(t)}{dt} = \nu(t)\{1 - F(\Lambda(t))\} \quad (4.57)$$

となる.

同様に,k 番目のイベント発生時刻 t_k に対する周辺分布の累積分布関数および確率密度関数も式 (4.10) の関係式から導出できる.

4.4.4 条件付き強度関数

非定常更新過程における条件付き強度関数は,直前のイベントからの経過時間だけでなく,その時点での強度にも依存する.しかし,最初のイベント発生時刻とそれ以降のイベント間間隔のそれぞれの確率密度関数および累積分布関数を用いれば,条件付き強度関数の導出過程は式 (4.18),(4.40) と全く同じとなる.

まず,観測開始時刻を 0 として,時刻 t までにイベントが起こらなかっ

たときの条件付き強度は

$$
\begin{aligned}
\lambda(t|H_t) &= \frac{1}{\Delta} P(t < T_1 \leq t + \Delta | H_t) \\
&= \frac{f_1(t)}{1 - F_1(t)} \\
&= \frac{\nu(t)\{1 - F(\Lambda(t))\}}{\int_{\Lambda(t)}^{\infty} \{1 - F(s)\} ds}
\end{aligned} \quad (4.58)
$$

と求まる．また，直前のイベント発生時刻 t_L がわかっている場合の条件付き強度関数は，イベント間間隔の確率密度関数 (4.55) と累積分布関数 (4.54) から

$$
\begin{aligned}
\lambda(t|H_t) &= \frac{1}{\Delta} P(t \leq t_{L+1} \leq t + \Delta | H_t) \\
&= \frac{f_L(t - t_L)}{1 - F_L(t - t_L)} \\
&= \frac{\nu(t) f(\Lambda(t) - \Lambda(t_L))}{1 - F(\Lambda(t) - \Lambda(t_L))}
\end{aligned} \quad (4.59)
$$

と求まる．

付録 4.A 証明

4.A.1 Elementary renewal theorem の証明 (式 (4.13))

まず，$T < t_{N(0,T)+1}$ が確率 1 で成り立つことから $T < E[t_{N(0,T)+1}]$ となる．ここで，指示関数 $\mathbb{I}$ を用いて

$$
\begin{aligned}
E[t_{N(0,T)+1}] &= E\left[\sum_{n=0}^{N(0,T)} \tau_n\right] \\
&= \sum_{n=0}^{\infty} E[\tau_n \mathbb{I}(n \leq N(0,T))] \\
&= \sum_{n=0}^{\infty} (E[\tau_n] - E[\tau_n \mathbb{I}(n \geq N(0,T)+1)])
\end{aligned} \quad (4.60)
$$

と表されるが，$t_{N(0,T)+1}$ より後のイベント間間隔 τ_n ($n \geq N(0,T)+1$)

4.A 証明

は，それ以前のイベント間間隔とは独立となるので，

$$E[\tau_n \mathbb{I}(n \geq N(0,T)+1)] = E[\tau_n | n \geq N(0,T)+1] P(n \geq N(0,T)+1)$$
$$= E[\tau_n] P(n \geq N(0,T)+1) \quad (4.61)$$

となる．したがって

$$E[t_{N(0,T)+1}] = \sum_{n=0}^{\infty} \{E[\tau_n] - E[\tau_n] P(n \geq N(0,T)+1)\}$$
$$= \mu \sum_{n=0}^{\infty} P(n \leq N(0,T))$$
$$= \mu \left\{ 1 + \sum_{n=1}^{\infty} P(n \leq N(0,T)) \right\}$$
$$= \mu(1 + E[N(0,T)]) \quad (4.62)$$

となるため，結局 $T < \mu(E[N(0,T)]+1)$ が成り立ち，ゆえに

$$\liminf_{T \to \infty} \frac{E[N(0,T)]}{T} \geq \frac{1}{\mu} \quad (4.63)$$

が導かれる．次に，各イベント間間隔 τ_i を $\tilde{\tau}_i = \min(\tau_i, a)$ に置き換えた更新過程を考え，その計数過程を $\tilde{N}$，イベント発生時刻を $\tilde{t}_i = \tilde{\tau}_0 + \cdots + \tilde{\tau}_{i-1}$ とおく．さらに，イベント間間隔の期待値を $\tilde{\mu} = E[\tilde{\tau}_0]$ で表す．このとき，$N(0,T) \leq \tilde{N}(0,T)$ および $T \geq \tilde{t}_{\tilde{N}(0,T)}$ が確率 1 で成り立つことから

$$T \geq E[\tilde{t}_{\tilde{N}(0,T)}] = E[\tilde{t}_{\tilde{N}(0,T)+1}] - E[\tilde{\tau}_{\tilde{N}(0,T)}]$$
$$= \tilde{\mu}(E[\tilde{N}(0,T)]+1) - E[\tilde{\tau}_{\tilde{N}(0,T)}]$$
$$\geq \tilde{\mu}(E[N(0,T)]+1) - a \quad (4.64)$$

となり，したがって

$$\frac{E[N(0,T)]}{T} \leq \frac{1}{\tilde{\mu}} + \frac{a - \tilde{\mu}}{\tilde{\mu} T} \quad (4.65)$$

が成り立つため，$\limsup_{T \to \infty} E[N(0,T)]/T \leq 1/\tilde{\mu}$ が示される．ここで，$\tilde{\mu} = E[\tilde{\tau}_0] = E[\min(\tau_0, a)]$ は $a \to \infty$ で $\mu = E[\tau_0]$ に収束するため，ゆえに

$$\limsup_{T \to \infty} \frac{E[N(0,T)]}{T} \leq \frac{1}{\mu} \tag{4.66}$$

が導かれる．以上から，式 (4.13) が示された．

4.A.2　$F_T = CV^2$ の証明（式 (4.46)）

ここでは，簡単のため $\mathbb{R}^+$ 上の更新過程を考え，イベント間間隔 τ の期待値 $E[\tau]$ と分散 $V[\tau]$ をそれぞれ μ と σ^2 とおく．k 番目のイベントの発生時刻 $t_k = \sum_{i=1}^{k} \tau_i$ が従う分布は，k が大きい極限では中心極限定理から，期待値 $k\mu$, 分散 $k\sigma^2$ の正規分布 $\mathcal{N}(t|k\mu, k\sigma^2)$ によってよく近似できる．標準正規分布の累積分布関数を

$$G(x) = \int_{-\infty}^{x} \mathcal{N}(s|0,1) ds \tag{4.67}$$

とおくと，観察期間が長い極限でのイベント数 N_T の分布は，

$$\begin{aligned}
P[N_T < k] &= P(t_k > T) \\
&= \int_T^{\infty} \mathcal{N}(t|k\mu, k\sigma^2) dt \\
&= \int_{(T-k\mu)/\sqrt{k\sigma^2}}^{\infty} \mathcal{N}(t|0,1) dt \\
&= G\left(\frac{k\mu - T}{\sqrt{k\sigma^2}}\right)
\end{aligned} \tag{4.68}$$

となる．ここで

$$k = \sqrt{\frac{T\sigma^2}{\mu^3}} k' + \frac{T}{\mu} \tag{4.69}$$

により，新たな変数 k' を導入する．式 (4.68) を k' を用いて表すと，

$$P\left[\frac{N_T - T/\mu}{\sqrt{T\sigma^2/\mu^3}} < k'\right] = G\left(k'\left(1 + \frac{k'\sigma}{\sqrt{\mu T}}\right)^{-1/2}\right) \tag{4.70}$$

となり，ある固定された k' に対して $T \to \infty$ の極限をとることで，

$$\lim_{T \to \infty} P\left[\frac{N_T - T/\mu}{\sqrt{T\sigma^2/\mu^3}} < k'\right] = G(k') \tag{4.71}$$

を得る．よって，観察区間が長い極限でイベント数 N_T は期待値 T/μ，分散 $T\sigma^2/\mu^3$ の正規分布に従うことがわかり，$\lim_{T \to \infty} F_T = \sigma^2/\mu^2 = CV^2$ が成立する．

付録4.B　ハザード関数，生存関数および待ち時間の分布の関係

4.1.3項ではハザード関数，生存関数を導入したが，これらはある着目するイベントが発生するまでの時間に関しての確率過程を表現し，更新過程に限らず適用できる一般的な概念である．また，物の故障や人の死亡といった1回しか起こらないような事象が起こるまでの時間を扱う生存時間解析などでも，これらは重要な役割を果たす．そこで，ここではある着目するイベントが発生するまでの時間の分布，ハザード関数および生存関数の関係についてまとめておく．

ここでは，イベント発生が条件付き強度関数 $\lambda(t|H_t)$ の点過程に従っているとし，ある任意の時刻 t^* を基準とし，次のイベント t_N が発生するまでの待ち時間 $\tau^* = t_N - t^*$ の分布について考えていく（t^* をあるイベントが発生した時刻に一致させれば，待ち時間はイベント間間隔になる）．この待ち時間の分布や，以下で改めて定義するハザード関数や生存関数は時刻 t^* までのイベントの発生履歴 H_{t^*} に依存する．そこで，以下ではイベント発生履歴 H_{t^*} は与えられているとし，その条件のもとで議論を行う．ただし，表記の簡潔さのために，イベント発生履歴 H_{t^*} に対する条件付けを表す記号 $(\cdot|H_{t^*})$ は省略する．

ここで，時刻 $t(> t^*)$ の時点で，まだ次のイベント t_N が起こっていないとし，そのときの条件付き強度関数 $\lambda(t|H_t = H_{t^*})$ を，基準の時刻 t^* からの経過時間 τ の関数として，

$$h(\tau = t - t^*) = \lambda(t|H_t = H_{t^*}) \tag{4.72}$$

と表したものを改めてハザード関数と定義する．イベント発生履歴 H_{t^*} が与えられている場合には，ハザード関数は基準の時刻 t^* からの経過時間 τ のみに依存する．そのため，次のイベントの発生時刻 t_N は強度関数がハザード関数 $h(t - t^*)$ で与えられる非定常ポアソン過程に従うと見なすことができる．

よって，待ち時間の従う分布は，式 (2.45) の非定常ポアソン過程の待ち時間の分布から求まるが，ここでは再度導出を行う．まず，t^* からある時間 τ が経過した時点で次のイベント t_N が発生していない確率

$$S(\tau) = P(t_N - t^* > \tau | H_{t^*}) \tag{4.73}$$
$$= P[N(t^*, t^* + \tau) = 0 | H_{t^*}] \tag{4.74}$$

を改めて生存関数として定義する．生存関数を用いると，待ち時間 τ^* の累積分布関数 $F(\tau)$ および確率密度関数 $f(\tau)$ はそれぞれ

$$\begin{aligned} F(\tau) &= P(\tau^* < \tau | H_{t^*}) \\ &= 1 - P(\tau^* > \tau | H_{t^*}) \\ &= 1 - S(\tau), \end{aligned} \tag{4.75}$$

$$\begin{aligned} f(\tau) &= \frac{d}{d\tau} F(\tau) \\ &= -\frac{d}{d\tau} S(\tau) \end{aligned} \tag{4.76}$$

と求まる．次のイベントの発生時刻 t_N は強度関数が $h(t-t^*)$ の非定常ポアソン過程に従うことから，式 (2.43) を用いると生存関数は，

$$\begin{aligned} S(\tau) &= \exp\left[-\int_{t^*}^{t^*+\tau} h(t - t^*) dt\right] \\ &= \exp\left[-\int_0^\tau h(\tau') d\tau'\right] \end{aligned} \tag{4.77}$$

と与えられる．よって，待ち時間の分布が

$$F(\tau) = 1 - \exp\left[-\int_0^\tau h(\tau')d\tau'\right] \tag{4.78}$$

$$f(\tau) = h(\tau)\exp\left[-\int_0^\tau h(\tau')d\tau'\right] \tag{4.79}$$

と求まる.

また,ハザード関数,生存関数,待ち時間の分布は互いに一対一対応の関係がある,つまり,どれか一つが決まれば他の二つは一意に決まる.例えばハザード関数が与えられると,上で解説したように,他の二つは式 (4.77), (4.78), (4.79) によって与えられる.生存関数と待ち時間の分布は式 (4.75), (4.76) の関係式により結び付いている.また,式 (4.78) および (4.79) を用いると,

$$h(\tau) = \frac{f(\tau)}{1 - F(\tau)} \tag{4.80}$$

のようにハザード関数が待ち時間の分布から表され,さらに式 (4.75), (4.76) を用いると

$$h(\tau) = -\frac{\frac{d}{d\tau}S(\tau)}{S(\tau)} \tag{4.81}$$

とハザード関数が生存関数から表される.式 (4.80) の待ち時間の分布からハザード関数への変換については,4.1.3 項でも別の導出方法を解説した.

第5章

Hawkes過程

　本章では，イベントの発生が過去のすべてのイベントに依存するような点過程の例として，特に**自己励起過程** (self-exciting process) と呼ばれるタイプのモデルを扱う．自己励起過程とは比較的短い時間内に複数のイベントが集中して起こりやすいような規則性（クラスター性）をもった過程であり，様々な分野においてこのような例が現れる．例えば，地震に関しては，強い地震が起きるとその後も引き続いて地震が起こりやすいというようなことが知られており，これは自己励起過程の典型的な例である．その他の例としては，神経細胞のスパイク発火，金融市場における取引・注文[1]，SNS 上での人々の行動などがある．本章では，単純な自己励起過程である **Hawkes（ホークス）過程**を扱う [8].

　Hawkes 過程は以下のような条件付き強度関数で特徴付けられる自己励起過程である．

> **定義 5.1**　Hawkes 過程は条件付き強度関数 $\lambda(t|H_t)$ が
> $$\lambda(t|H_t) = \mu + \sum_{t_i<t} g(t-t_i) \tag{5.1}$$
> で与えられる点過程モデルである．ここで μ は非負の定数であり，$g(\tau)$ は過去のイベントからの影響を表すカーネル関数と呼ばれ，$\tau \leq 0$ のとき $g(\tau)=0$ であり，$\tau>0$ で非負の関数である．

---

[1] Hawkes 過程を用いた金融データの解析については参考文献 [2] の包括的なレビューを参考にされたい．

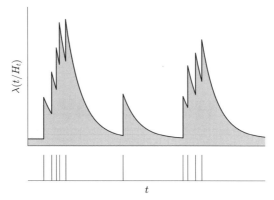

図 5.1 Hawkes 過程の概念図. Hawkes 過程ではイベントが起こるたびに,強度が一時的に上昇し,クラスター状にイベントが発生する.

Hawkes 過程では条件付き強度関数はベースラインの発生率 μ と過去の各イベントからの影響 $g(t-t_i)$ を足し合わせたものになっている[2]. カーネル関数 $g(\tau)$ としては指数関数 $ab\exp(-b\tau)$ や冪関数 $K/(\tau+c)^p$ などがよく用いられる. 図 5.1 は Hawkes 過程でのイベント発生と条件付き強度関数 $\lambda(t|H_t)$ の関係を示したものである. Hawkes 過程ではイベントが発生すると,その直後から強度が一時的に上昇する. つまり,それぞれのイベントはその後に新たなイベントを引き起こすことができ,クラスター状にイベントが発生する性質がある.

また,式 (5.1) は微小な Δ に対して,

$$\lambda(t|H_t) = \mu + \lim_{\Delta \to 0} \sum_{i=0}^{\infty} N(t-(i+1)\Delta, t-i\Delta) g(i\Delta) \qquad (5.2)$$

と表すこともできる. 実際に過去にイベントが発生した部分区間で $N(\cdot) = 1$ とし,それ以外の部分区間で $N(\cdot) = 0$ とすれば,もとの式に戻る. よって Hawkes 過程は,時間軸を微小な幅の区間に分割したときのイベント数 $N(t, t+\Delta)$ に関する線形自己回帰過程の一種であると解釈

---

[2] Hawkes 過程の拡張として非線形のモデルを考えることもでき,神経細胞のスパイク発火の統計モデル等で用いられている [20].

することもできる．

Hawkes過程に関しては，様々な拡張を考えることができ，特にマーク付き点過程への拡張については6.3節で解説する．

5.1 確率密度関数

Hawkes過程の確率密度関数 $p_{[0,T]}(\bm{t}_n)$ は，単に一般の点過程に対する確率密度関数 (3.6) にHawkes過程の条件付き強度関数 (5.1) を代入して得られる．

> **定理 5.2** 観察期間 $[0,T]$ におけるHawkes過程の確率密度関数 $p_{[0,T]}(\bm{t}_n)$ は，
> $$p_{[0,T]}(\bm{t}_n) = \prod_{i=1}^{n}\left[\mu + \sum_{j<i}g(t_i - t_j)\right] \\ \times \exp\left[-\mu T - \sum_{i=1}^{n}\int_{t_i}^{T}g(s-t_i)ds\right] \quad (5.3)$$
> で与えられる．

確率密度関数はこのように陽に書き表せる一方で，これを数値的に得るには，大きな計算コストがかかることが知られている．問題になるのは確率密度関数 (5.3) の右辺の第1項の部分であり，この部分には総乗の中に総和が入っており，計算にイベント数の2乗に比例する回数の演算が必要になる．このことは，イベント数が多くなると，急速に計算時間が増えることを意味し，実用上大きな問題である．このような問題に対して，カーネル関数が指数関数 $g(\tau) = ab\exp(-b\tau)$ や冪関数 $K/(t+c)^p$ のときには，確率密度関数を効率的に計算する方法がある．詳細な方法は付録8.Bで解説する．

5.2 定常性 (1)

ここでは定常な Hawkes 過程を扱い，式 (3.17) の平均発生率 ν を求めるとともに，定常性が満たされる条件について調べていく．簡単のため，微小な区間のイベント数を表す表記 $N_\Delta(t) = N(t, t+\Delta)$ を用いる．以下では，定常な Hawkes 過程に対して $E[N_\Delta(t)]$ を計算していく．式 (3.15) を用いると，

$$\begin{aligned}
E\left[N_\Delta(t)\right] &= E\left[\lambda(t|H_t)\right]\Delta \\
&= E\left[\mu + \lim_{\Delta \to 0} \sum_{i=0}^{\infty} g(i\Delta) N_\Delta(t-(i+1)\Delta)\right]\Delta \\
&= \left[\mu + \lim_{\Delta \to 0} \sum_{i=0}^{\infty} g(i\Delta) E\left[N_\Delta(t-(i+1)\Delta)\right]\right]\Delta \quad (5.4)
\end{aligned}$$

となる．定常性の仮定から，任意の t に対して $E[N_\Delta(t)] = \nu\Delta$ が成り立つので（式 (3.17)），まず式 (5.4) の左辺は $\nu\Delta$ である．そして右辺の第 2 項は

$$\begin{aligned}
\lim_{\Delta \to 0} \sum_{i=0}^{\infty} g(i\Delta) E\left[N_\Delta(t-(i+1)\Delta)\right] &= \lim_{\Delta \to 0} \sum_{i=0}^{\infty} g(i\Delta) \nu\Delta \\
&= \nu \int_0^{\infty} g(\tau) d\tau \quad (5.5)
\end{aligned}$$

となる．よって，

$$\nu = \mu + \nu \int_0^{\infty} g(\tau) d\tau \quad (5.6)$$

の関係式が成り立ち，平均発生率 ν は

$$\nu = \frac{\mu}{1 - \int_0^{\infty} g(\tau) d\tau} \quad (5.7)$$

と与えられる．この平均発生率の解釈は 5.4 節の分枝過程を用いた解析で明確になる．

次に，Hawkes 過程が定常になる条件を調べよう．ν は平均発生率であり，必ず非負の値をとるので，定常な Hawkes 過程では

5.3 定常性 (2)

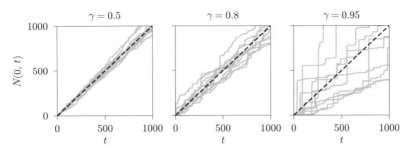

図 5.2 Hawkes 過程の例：三つのパネルでは平均発生率 ν は同じだが，分枝比が異なる．分枝比が大きくなると，一度に多数のイベントが起こるようになることがわかる．

$$\int_0^\infty g(\tau)d\tau < 1 \tag{5.8}$$

が満たされなくてはならない．5.4 節に見るように $\gamma = \int_0^\infty g(\tau)d\tau$ は Hawkes 過程を特徴付ける重要な量で**分枝比** (branching ratio) と呼ばれる．図 5.2 からわかるように，分枝比が異なるとイベントの発生の仕方も大きく異なる．分枝比が大きくなると大きなクラスターが発生しやすくなり，それに伴い累積発生数の期待値からのばらつきも大きくなる．$\gamma \geq 1$ のときには，イベントの連鎖が止まらずに時間とともにイベント数が爆発的に増えていき，それに従い平均発生率が時間とともに増加していくため，定常性が成立しない．

分枝比 γ はカーネル関数 $g(\tau)$ が指数関数 $ab\exp(-b\tau)$ のときには a であり，冪関数 $K/(\tau+c)^p$ のときには $p > 1$ では $Kc^{-p+1}/(p-1)$ であるが，$p \leq 1$ では ∞ である．つまり冪関数の指数 p が 1 以下の場合には，Hawkes 過程は常に非定常である．

5.3 定常性 (2)

ここでは，定常な Hawkes 過程の自己相関関数 (3.23) を求めていく[3]．自己相関関数は Hawkes 過程を特徴付ける重要な量であり，例えば，平

---

[3]導出は主に参考文献 [8] に基づく．

均発生率と自己相関関数が与えられると μ およびカーネル関数 $g(\tau)$ が一意に決まる [3].

微小な Δ および $\tau > 0$ に対する $E[N_\Delta(t)N_\Delta(t+\tau)]$ を計算していくが,まずイベント発生履歴 $H_{t+\tau}$ が与えられたときの条件付き期待値をとり,次に $H_{t+\tau}$ に関する期待値をとると,

$$\begin{aligned}
&E[N_\Delta(t)N_\Delta(t+\tau)] \\
&= E\big[E[N_\Delta(t)N_\Delta(t+\tau)|H_{t+\tau}]\big] \\
&= E[N_\Delta(t)\lambda(t+\tau|H_{t+\tau})]\Delta \\
&= E\left[N_\Delta(t)\left[\mu + \lim_{\Delta\to 0}\sum_{i=0}^\infty g(i\Delta)N_\Delta(t+\tau-(i+1)\Delta)\right]\right]\Delta \\
&= \mu E[N_\Delta(t)]\Delta + \lim_{\Delta\to 0}\sum_{i=0}^\infty g(i\Delta)E[N_\Delta(t)N_\Delta(t+\tau-(i+1)\Delta)]\Delta
\end{aligned}$$
(5.9)

を得る.2行目から3行目への変形では,$H_{t+\tau}$ が与えられているときには $N_\Delta(t)$ は定数であり,$N_\Delta(t+\tau)$ のみに関する期待値をとればよい.定常性の仮定から,式 (3.23) の関係式を用いると,まず式 (5.9) の左辺は $[C(\tau)+\nu^2]\Delta^2$ である($\tau > 0$ のときを考えているのでデルタ関数は含まない).次に,右辺の第2項は

$$\begin{aligned}
&\lim_{\Delta\to 0}\sum_{i=0}^\infty g(i\Delta)E[N_\Delta(t)N_\Delta(t+\tau-(i+1)\Delta)]\Delta \\
&= \lim_{\Delta\to 0}\sum_{i=0}^\infty g(i\Delta)\left[C(\tau-(i+1)\Delta)+\nu^2+\nu\delta(\tau-(i+1)\Delta)\right]\Delta^3 \\
&= \Delta^2\int_0^\infty g(w)\left[C(\tau-w)+\nu^2+\nu\delta(\tau-w)\right]dw \\
&= \left[\nu g(\tau) + \int_0^\infty g(w)\left[C(\tau-w)+\nu^2\right]dw\right]\Delta^2
\end{aligned}$$
(5.10)

と計算できる.よって,左辺と右辺の比較および式 (5.7) の関係式から

$$C(\tau) = \nu g(\tau) + \int_0^\infty g(w)C(\tau-w)dw \quad (\tau > 0) \qquad (5.11)$$

で与えられる自己相関関数 $C(\tau)$ に関する積分方程式を得る[4].

この積分方程式を一般の場合に解析的に解くことは難しいが，カーネル関数が指数関数 $g(\tau) = ab\exp(-b\tau)$ のときには，自己相関関数 $C(\tau)$ を解析的に導くことができる．まず，$C(\tau)$ が原点に対して対称であることを考慮すると，式 (5.11) は

$$C(\tau) = \nu g(\tau) + \int_0^\tau g(w)C(\tau-w)dw + \int_0^\infty g(\tau+w)C(w)dw \quad (5.12)$$

となる．

ここで，式 (5.12) の両辺にラプラス変換を用い，$C(\tau)$ のラプラス変換を $\hat{C}(s)$ とする．指数関数 $g(\tau) = ab\exp(-b\tau)$ のラプラス変換は $\hat{g}(s) = ab/(s+b)$ であり，右辺の第 2 項は畳み込み積分なので，そのラプラス変換は関係式 (1.48) より $\hat{g}(s)\hat{C}(s)$ であり，右辺の第 3 項は

$$\int_0^\infty g(\tau+w)C(w)dw = g(\tau)\int_0^\infty \exp(-bw)C(w)dw$$
$$= g(\tau)\hat{C}(b) \quad (5.13)$$

と表されるので，そのラプラス変換は $\hat{g}(s)\hat{C}(b)$ である．よって，

$$\hat{C}(s) = \frac{ab}{s+b}\left[\nu + \hat{C}(s) + \hat{C}(b)\right] \quad (5.14)$$

となり，これを整理すると

$$\hat{C}(s) = \frac{ab}{s+b-ab}\left[\nu + \hat{C}(b)\right] \quad (5.15)$$

を得る．$\hat{C}(b)$ は上式に $s = b$ を代入することで $\hat{C}(b) = \frac{a\nu}{2(1-a)}$ と求まる．以上のことから自己相関関数のラプラス変換は

$$\hat{C}(s) = \frac{ab\nu(2-a)}{2(1-a)}\frac{1}{s+b-ab} \quad (5.16)$$

と求まり，自己相関関数は逆ラプラス変換から

---

[4] 補足ではあるが，自己相関関数をカーネル関数 $g(\tau)$ と平均発生率 ν の関数として表すこともできる [3].

$$C(\tau) = \frac{ab\nu(2-a)}{2(1-a)} \exp\left[-b(1-a)\tau\right] \quad (\tau > 0) \tag{5.17}$$

と求まる．また，定常な Hawkes 過程では分枝比が $a < 1$ のため $b - ab > 0$ である．

5.4 分枝過程としての Hawkes 過程

本節では**分枝過程** (branching process) と呼ばれる過程を導入し [7]，Hawkes 過程が分枝過程として解釈できることを示す [9]．Hawkes 過程ではイベントが起こると強度が上がり，さらに新たなイベントが生成されやすくなるため，イベント間に何らかの因果構造があると考えるのは自然なことであろう．その一方で，Hawkes 過程ではイベント発生は過去のすべてのイベントから影響を受けるので，あるイベントが起きたときにそれが過去のどのイベントによって引き起こされたかということは明確ではない．分枝過程は，イベント間の因果関係を明確に定義した過程であり，分枝過程を考えることで Hawkes 過程により直感的な理解を与え，Hawkes 過程の性質を調べる上で役に立つ．

5.4.1 時間構造のない分枝過程

分枝過程はもともと，ある名字をもつ一族の人数が，世代を経るにしたがってどのように変化するかということを調べるために導入された確率過程である．分枝過程では離散的な時間ステップ（世代）を考え，各ノード（個体）はその子供に当たるノードを次の世代に生成する（図 5.3）．第 i 世代のノードの数を K_i とし，それぞれのノードが K_{i+1}^j ($j = 1, 2, \ldots, K_i$) 個のノードを生成したとすると，第 $(i+1)$ 世代のノードの数はその合計 $K_{i+1} = \sum_{j=1}^{K_i} K_{i+1}^j$ で与えられる．各ノードが生成する子ノードの数は，ノードによらず同一の確率分布に独立に従い，ここではその確率分布は期待値 γ のポアソン分布であるとする．γ は**分枝比**と呼ばれる量である．また，初期値 K_1 は期待値 θ のポアソン分布に従うとする．

以下では，各世代のノードの数の期待値 $E[K_i]$ および，この過程から

5.4 分枝過程としての Hawkes 過程

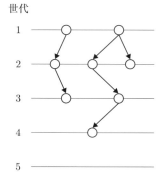

図 5.3 時間構造のない分枝過程．丸はノードを表しており，矢印は親子関係を表している．各ノードは次の世代に子ノードを生成し，その数はある与えられた期待値のポアソン分布に従う．

生成される全世代のノードの数の合計の期待値 $E[\sum_{i=1}^{\infty} K_i]$ を求めよう．K_{i+1} は K_i のみに依存し，K_i が与えられたときの K_{i+1} の条件付き確率分布 $P(K_{i+1}|K_i)$ は，ポアソン分布の再生性より期待値 $K_i\gamma$ のポアソン分布であるので，

$$E[K_{i+1}] = E[E[K_{i+1}|K_i]] = \gamma E[K_i] \tag{5.18}$$

の漸化式が成り立ち，各世代のノードの数の期待値は

$$E[K_i] = \theta \gamma^{i-1} \tag{5.19}$$

となる．そして，この過程から生成される全ノード数の期待値は，

$$E\left[\sum_{i=1}^{\infty} K_i\right] = \begin{cases} \dfrac{\theta}{1-\gamma} & (\gamma < 1) \\ \infty & (\text{その他}) \end{cases} \tag{5.20}$$

と求まる．$E[\sum_{i=1}^{\infty} K_i]$ が有限の値に収束するならば，$\sum_{i=1}^{\infty} K_i$ も確率 1 で有限の値をとるため，非負の K_i はある世代から 0 になる．よって，1 ノードが生成できる子ノード数の期待値 γ が 1 未満ならば，いずれある世代でノード数が 0 になり増殖はそこで止まるが，γ が 1 以上ならばノードは無限に増殖し続けるということである．これは直感的に理解しやすい事実であろう．このように，分枝過程では分枝比 γ が過程の振る舞いを

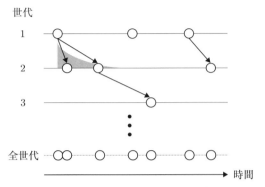

図 5.4 時間構造を取り入れた分枝過程．ここでは世代以外にもイベントの発生時刻の情報が加わっており，子供のノードは親ノードを起点とするカーネル関数 $g(\tau)$ を強度関数（図中の灰色）とする非定常ポアソン過程に従い生成される．全ノードの発生時刻の集合は Hawkes 過程に従っている．

決める重要な役割を果たす．

5.4.2 時間構造を取り入れた分枝過程

次に，分枝過程から発生したそれぞれのノードに，発生した時刻の情報を新たに付け加えよう（図 5.4）．各ノードは以下のルールに従って発生する．

1. 第 1 世代のノードは強度 μ の定常ポアソン過程に従って発生する．
2. 時刻 t_i に生成されたノードは，強度関数 $g(t - t_i)$ $(t > t_i)$ の非定常ポアソン過程に従って次の世代に子ノードを生成する．

各ノードが生成する子ノードの数の確率分布は定理 2.10 より期待値 $\gamma = \int_0^\infty g(\tau) d\tau$ のポアソン分布に従う．

以下では，各ノードに対して世代に関係なく発生時刻の順に 1 から番号を振る．2 番目のルールはノード間の親子関係を明確に定義し，子ノードはその親ノードよりも後に発生する（因果律）．ここでは，i 番目のノードを生成した親ノードの番号を z_i と書き，第 1 世代のノードに関しては親ノードの番号を便宜的に 0 とする．それぞれのノードの発生時刻と親の番号の列をそれぞれ $\bm{t}_n = \{t_1, t_2, \ldots, t_n\}$ と $\bm{z}_n = \{z_1, z_2, \ldots, z_n\}$ と書くことにする．

5.4 分枝過程としての Hawkes 過程

実は,この過程から観察期間 $[0,T]$ に発生したノードの発生時刻 $\boldsymbol{t}_n$ は Hawkes 過程に従う.このことを導出するために,まず観察期間 $[0,T]$ に発生したノード $(\boldsymbol{t}_n, \boldsymbol{z}_n)$ に対する同時確率密度関数 $p_{[0,T]}(\boldsymbol{t}_n, \boldsymbol{z}_n)$ を導出する.この同時確率密度関数は上のルールから,

$$p_{[0,T]}(\boldsymbol{t}_n, \boldsymbol{z}_n) = p[\{(t_j, z_j)\}_{z_j=0}] \prod_{i=1}^{n} p[\{(t_j, z_j)\}_{z_j=i}|t_i] \tag{5.21}$$

のように分割できる.1 番目のルールから,観察期間 $[0,T]$ に発生した第 1 世代目のノード $\{(t_j, z_j)\}_{z_j=0}$ に対する確率密度関数 $p[\{(t_j, z_j)\}_{z_j=0}]$ は

$$p[\{(t_j, z_j)\}_{z_j=0}] = \prod_{z_j=0} \mu \times \exp(-\mu T) \tag{5.22}$$

である.ここで,$\prod_{z_j=0}$ は第 1 世代のノードの番号 j にわたる積を表しており,仮に第 1 世代のノードの数が 0 ならば $\prod_{z_j=0} \mu = 1$ とする.次に,2 番目のルールから,i 番目のノードの発生時刻 t_i が与えられたときの,観察期間 $[0,T]$ に発生したその子ノード $\{(t_j, z_j)\}_{z_j=i}$ に対する条件付き確率密度関数 $p[\{(t_j, z_j)\}_{z_j=i}|t_i]$ は

$$p[\{(t_j, z_j)\}_{z_j=i}|t_i] = \prod_{z_j=i} g(t_j - t_i) \times \exp\left[-\int_{t_i}^{T} g(t - t_i)dt\right] \tag{5.23}$$

である.よって,同時確率密度関数 $p_{[0,T]}(\boldsymbol{t}_n, \boldsymbol{z}_n)$ は,

$$p_{[0,T]}(\boldsymbol{t}_n, \boldsymbol{z}_n) = \prod_{z_j=0} \mu \times \prod_{i=1}^{n} \prod_{z_j=i} g(t_j - t_i)$$
$$\times \exp\left[-\mu T - \sum_{i=1}^{n} \int_{t_i}^{T} g(s - t_i)ds\right] \tag{5.24}$$

と与えられる.ここで,

$$q_{i,j} = \begin{cases} \mu & (i = 0) \\ g(t_j - t_i) & (0 < i < j) \end{cases} \tag{5.25}$$

を用いると，上式は

$$p_{[0,T]}(\boldsymbol{t}_n, \boldsymbol{z}_n) = \prod_{j=1}^{n} q_{z_j,j} \times \exp\left[-\mu T - \sum_{i=1}^{n} \int_{t_i}^{T} g(s - t_i) ds\right] \quad (5.26)$$

と整理できる．

次に，この分枝過程からあるノードの発生時刻 $\boldsymbol{t}_n$ が得られる確率を求めるが，これは上の確率密度関数 $p_{[0,T]}(\boldsymbol{t}_n, \boldsymbol{z}_n)$ をすべての可能な親子関係 $\boldsymbol{z}_n$ に関して足し合わせればよい（確率分布の和則）．j 番目のノードに対して親になりうるのは，それ以前に発生したノードのみである（$z_j = 0, 1, \ldots, j-1$）．つまり，確率密度関数 $p_{[0,T]}(\boldsymbol{t}_n)$ は

$$p_{[0,T]}(\boldsymbol{t}_n) = \sum_{0 \leq z_1 < 1} \sum_{0 \leq z_2 < 2} \cdots \sum_{0 \leq z_n < n} p_{[0,T]}(\boldsymbol{t}_n, \boldsymbol{z}_n) \quad (5.27)$$

で与えられ，これを計算すると Hawkes 過程の確率密度関数 (5.3) に一致する．したがって，時間構造のある分枝過程から発生したノードの発生時刻は Hawkes 過程に従っていることがわかる．

この事実は，分枝過程で成り立つ性質は，Hawkes 過程でもそのまま成り立つということを示している．いくつかの点においては，分枝過程は Hawkes 過程よりも解析的な扱いが容易であり，分枝過程を解析することで Hawkes 過程の性質を解析的に調べることができることがある．以下では分枝過程のノードを単にイベントと呼ぶことにする．

5.5 イベント数の分布

ここでは Hawkes 過程から観察期間 $[0, T]$ に発生するイベント数の分布について調べていく．一般に Hawkes 過程のイベント数の分布を解析的に得ることは難しい．しかしながら，観察期間の長さが非常に長く，定常な Hawkes 過程の場合には，分枝過程を解析することにより，イベント数の期待値や分散などを近似的に得ることができる．

時間構造のある分枝過程から観察期間 $[0, T]$ に発生したイベントに対して，第 i 世代のイベント数を k_i と書こう（$i = 1, 2, \ldots$）．このときの各世

代のイベント数 $\{k_i\}$ は厳密には時間構造のない分枝過程には従わない.というのは,各イベントは子イベントを時刻 T より後に生成することも可能であり,各イベントが時刻 T までに生成するイベント数の分布は,時間構造のない分枝過程で仮定されている各イベントが生成する子イベントの数の分布(期待値 γ のポアソン分布)とは異なるからである.しかしながら,観察期間が非常に長い場合には,このような観察期間の後で生成される子イベント数は全体の数からするとごくわずかであるので,この影響を無視することができる.したがって,観察期間が長い場合には,観察期間に発生した各世代のイベント数は,時間構造のない分枝過程に従っていると仮定することができる.

よって,時間構造のない分枝過程を解析することで,観察期間の長さが大きい極限での全イベント数 $K_\infty = \sum_{i=1}^\infty k_i$ の期待値と分散を求めることができる.結果から先に示すと,イベント数の期待値と分散はそれぞれ

$$E[K_\infty] = \frac{\mu T}{1-\gamma} \tag{5.28}$$

$$V[K_\infty] = \frac{\mu T}{(1-\gamma)^3} \tag{5.29}$$

で与えられる.

期待値 $E[K_\infty]$ の意味は解釈しやすいであろう.これまでの議論から Hawkes 過程は,第 1 世代のイベント数は期待値 μT のポアソン分布に従い,分枝比 γ が $\int_0^\infty g(\tau)d\tau$ で与えられる分枝過程と同一視できる.よって,時間構造のない分枝過程の解析で見たように,この過程から生成される全イベント数の期待値は $\mu T/(1-\gamma)$ である.また,平均発生率 $E[K_\infty]/T$ は,式 (5.7) で求めたものと一致することに注意されたい.分散 $V[K_\infty]$ に関しては,分枝比 γ が 1 に近づくにつれて,急激に大きくなることがわかる(図 5.2 も参照のこと).

以下では,確率母関数を用いて期待値 $E[K_\infty]$ と分散 $[V_\infty]$ を計算するが,証明はやや技術的なので読み飛ばしても構わない.

●確率母関数

確率分布 $P(k)$ $(k = 0, 1, \ldots)$ の確率母関数 $F(s)$ は

$$F(s) = \sum_{k=0}^{\infty} s^k P(k) \tag{5.30}$$

で定義される．確率母関数は確率分布と一対一の対応があり，確率母関数が同一であれば確率分布も同一である．例えば，期待値 Λ のポアソン分布の確率母関数は

$$F_{\text{poisson}}(s) = \exp[\Lambda(s-1)] \tag{5.31}$$

である．確率母関数が与えられると，k の期待値 $E[k]$ と分散 $V[k]$ をそれぞれ

$$E[k] = F'(1) \tag{5.32}$$
$$V[k] = F''(1) + F'(1) - [F'(1)]^2 \tag{5.33}$$

と求めることができる．

また，$\{k_1, k_2, \ldots, k_n\}$ が同時分布 $P(k_1, k_2, \ldots, k_n)$ に従っているとき，その和 $(k_1 + k_2 + \cdots + k_n)$ の従う確率分布の確率母関数は

$$F_n(s) = \sum_{k_1=0}^{\infty} \sum_{k_2=0}^{\infty} \cdots \sum_{k_n=0}^{\infty} s^{k_1 + k_2 + \cdots + k_n} P(k_1, k_2, \ldots, k_n) \tag{5.34}$$

で与えられる． □

以下では，確率母関数を用いて時間構造のない分枝過程を解析していく．ここでは $\boldsymbol{k}_{1:i} = \{k_1, k_2, \ldots, k_i\}$ の表記を用いる．分枝過程では，ある世代のイベント数はその前の世代のイベント数にのみ依存するため，$P(\boldsymbol{k}_{1:n}) = P(k_n|k_{n-1})P(\boldsymbol{k}_{1:n-1})$ が成り立つ．条件付き確率分布 $P(k_n|k_{n-1})$ は期待値 $k_{n-1}\gamma$ のポアソン分布であり，その確率母関数は式 (5.31) から求まり，関数 $f(s) = \exp[\gamma(s-1)]$ を用いると，$f(s)^{k_{n-1}}$ と表される．よって，1 から n 世代までのイベント数の和 $\sum_{i=1}^{n} k_i$ の従う確

率分布の確率母関数は

$$F_n(s) = \sum_{k_1=0}^{\infty} \sum_{k_2=0}^{\infty} \cdots \sum_{k_n=0}^{\infty} s^{k_1+k_2+\cdots+k_n} P(\boldsymbol{k}_{1:n})$$
$$= \sum_{k_1=0}^{\infty} \sum_{k_2=0}^{\infty} \cdots \sum_{k_n=0}^{\infty} s^{k_1+k_2+\cdots+k_n} P(k_n|k_{n-1}) P(\boldsymbol{k}_{1:n-1})$$
$$= \sum_{k_1=0}^{\infty} \sum_{k_2=0}^{\infty} \cdots \sum_{k_{n-1}=0}^{\infty} s^{k_1+k_2+\cdots+k_{n-2}} [sf(s)]^{k_{n-1}} P(\boldsymbol{k}_{1:n-1})$$
(5.35)

となり, k_n に関する和を計算できる. この計算を繰り返し, $P(k_1)$ は期待値 μT のポアソン分布であることを用いると,

$$F_n(s) = \sum_{k_1=0}^{\infty} h_n(s)^{k_1} P(k_1)$$
$$= \exp[\mu T(h_n(s) - 1)] \qquad (5.36)$$

という形で表すことができる. ここで $h_n(s)$ は,

$$h_1(s) = s \qquad (5.37)$$
$$h_n(s) = sf(h_{n-1}(s)) \qquad (5.38)$$

の漸化式を満たす関数である.

ここで, $F_n(s)$ と $h_n(s)$ がそれぞれ n が大きな極限で $F_\infty(s)$ と $h_\infty(s)$ に収束するとすると, この分枝過程から生成されるすべてのイベント数の合計 K_∞ が従う確率分布の確率母関数は

$$F_\infty(s) = \exp[\mu T(h_\infty(s) - 1)] \qquad (5.39)$$

で与えられる. K_∞ の期待値と分散は式 (5.32), (5.33) を用いて求めることができるが, そのためには

$$F'_\infty(1) = \mu T h'_\infty(1) \exp[\mu T(h_\infty(1) - 1)] \qquad (5.40)$$
$$F''_\infty(1) = \left[\mu T h''_\infty(1) + [\mu T h'_\infty(1)]^2\right] \exp[\mu T(h_\infty(1) - 1)] \qquad (5.41)$$

の値をそれぞれ求める必要がある．式 (5.38) から $h_\infty(s)$ は

$$h_\infty(s) = sf(h_\infty(s))$$
$$= s\exp\left[\gamma(h_\infty(s) - 1)\right] \quad (5.42)$$

を満たす．式 (5.42) および式 (5.42) の両辺を 1 階微分，2 階微分したものに $s = 1$ を代入することで

$$h_\infty(1) = 1 \quad (5.43)$$

$$h'_\infty(1) = \frac{1}{1-\gamma} \quad (5.44)$$

$$h''_\infty(1) = \frac{1}{(1-\gamma)^3} - \frac{1}{1-\gamma} \quad (5.45)$$

を得ることができる．よって以上のことをまとめると，観察期間の長さが大きい極限でのイベント数の期待値と分散は

$$E[K_\infty] = \frac{\mu T}{1-\gamma} \quad (5.46)$$

$$V[K_\infty] = \frac{\mu T}{(1-\gamma)^3} \quad (5.47)$$

で与えられる．

第 6 章

マーク付き点過程

本章では,点過程に対する一つの重要な拡張として,マーク付き点過程とその性質について解説する.後半ではマーク付き点過程から定義される複合点過程や,Hawkes 過程のマーク付き点過程への拡張について解説する.

6.1 マーク付き点過程の性質

ここまでに定義された点過程はイベントの発生時刻のみを解析対象としているが,現実の多くの場合,各々のイベントは何らかの属性情報をもつことが多い.例えば,株式取引であれば取引量や取引価格,地震であればマグニチュードや震源位置などの情報が各イベントに紐付くこととなる.このような発生時刻 $\bm{t}_n = \{t_1, t_2, \ldots, t_n\}$ の各イベントに対応する属性情報は**マーク** (mark) といい,ある空間 $\mathcal{X}$ 上の確率変数 $\bm{x}_n = \{x_1, x_2, \ldots, x_n\}$ として表すことにする.そして,マークが紐付いたイベント発生時刻の集合 $(\bm{t}_n, \bm{x}_n)$ が従う確率過程をマーク付き点過程という.

マーク付き点過程は,点過程の様々な拡張の一般形として捉えることができる.例えば,k 個の種類のイベントが同じ時間軸上で,それぞれ条件付き強度関数 $\lambda_1, \lambda_2, \ldots, \lambda_k$ に従って発生しているとき,それらをまとめてイベントの種類をマーク $x \in \mathcal{X} = \{1, 2, \ldots, k\}$ としたマーク付き点過程と見なすことができる.また,地震のようにイベントが発生時刻に加え

て発生位置をもつ場合，一般には時空間上の点過程として扱われることとなるが，発生位置をマークと捉えてマーク付き点過程と見なすこともできる．このように，マーク付き点過程は広範なモデルを包含する点過程の重要な拡張形となっている．

マーク付き点過程の計数過程は，時間とマークの両方に依存する形で定義される．ある時間の区間 $[0,t]$ に，ある集合 $A \subseteq \mathcal{X}$ に含まれるマークをもって発生したイベント数を $N([0,t], A)$ と表すことにする．このとき，マークの集合 A を固定した計数過程を $N_A(0, t) = N([0,t], A)$ と表すと，マークが A に属するイベントのみを扱った通常の点過程の計数過程となることに注意する．さらに $A = \mathcal{X}$ とおけば，$N_\mathcal{X}(0, t) = N([0,t], \mathcal{X})$ はマークを問わないすべてのイベントに関する計数過程となる．

6.1.1 条件付き強度関数

これまでと同様に，マーク付き点過程は条件付き強度関数により特徴付けられるが，ここでもイベントの発生履歴 $H_t = \{(t_i, x_i) | t_i < t\}$ がマークの履歴を含んでいることと，条件付き強度が起こりうるイベントのマークに関する確率も表すことに注意が必要である．マークがある集合 $A \subseteq \mathcal{X}$ に属するイベントが起こる条件付き強度関数を $\lambda(t, A|H_t)$ と表し，次のように定義する．

> **定義 6.1** 条件付き強度関数 $\lambda(t, A|H_t)$ をもつマーク付き点過程では，時刻 t までのイベントの発生履歴 $H_t = \{(t_i, x_i) | t_i < t\}$ が与えられたときに，時間の微小区間 $[t, t + \Delta_t]$ において $A \subseteq \mathcal{X}$ に属するマークのイベントが発生する確率が
>
> $$P[N([t, t + \Delta_t], A) = 1 | H_t] = \lambda(t, A|H_t)\Delta_t \tag{6.1}$$
>
> と与えられる．

ここで，マークが離散的な値をとる離散確率変数である場合には，マークのとりうる値 $x \in \mathcal{X}$ に対して条件付き強度関数を

6.1 マーク付き点過程の性質

$$\lambda(t, x|H_t) = \lambda(t, \{x\}|H_t) \tag{6.2}$$

と定義する．このとき，マークを問わない通常の点過程としての条件付き強度関数が

$$\lambda(t|H_t) = \sum_{x \in \mathcal{X}} \lambda(t, x|H_t) \tag{6.3}$$

と表せる．

一方，マークが実数値をとる連続確率変数である場合には，マークに関しても微小区間 $[x, x + \Delta_x]$ を考えることにより，条件付き強度関数 $\lambda(t, x|H_t)$ を

$$P[N([t, t+\Delta_t], [x, x+\Delta_x]) = 1|H_t] = \lambda(t, x|H_t)\Delta_t \Delta_x \tag{6.4}$$

となるように定義する．このとき，式 (6.1) で定義された条件付き強度関数との関係として

$$\lambda(t, A|H_t) = \int_A \lambda(t, x|H_t) dx \tag{6.5}$$

が成り立ち，さらに $A = \mathcal{X}$ とおけば，マークを問わない通常の点過程としての条件付き強度関数

$$\lambda(t|H_t) = \int_{\mathcal{X}} \lambda(t, x|H_t) dx \tag{6.6}$$

が得られる．

6.1.2 確率密度関数

続いて，観察期間 $[0, T]$ におけるマーク付き点過程の確率密度関数 $p_{[0,T]}(\boldsymbol{t}_n, \boldsymbol{x}_n)$ は，条件付き強度関数を用いて次のように与えられる．

> **定理 6.2** 観察期間 $[0, T]$ におけるマーク付き点過程の確率密度関数 $p_{[0,T]}(\boldsymbol{t}_n, \boldsymbol{x}_n)$ は
>
> $$p_{[0,T]}(\boldsymbol{t}_n, \boldsymbol{x}_n) = \prod_{i=1}^n \lambda(t_i, x_i|H_{t_i}) \times \exp\left[-\int_0^T \lambda(s|H_s)ds\right] \tag{6.7}$$

で与えられる．ただし，$\lambda(s|H_s)$ は，マークが離散確率変数であるときは式 (6.3)，連続確率変数であるときは式 (6.6) で定義される．

なお，実際に利用されるマーク付き点過程では，マークがイベント発生時刻や過去の発生履歴によらず独立同一分布に従うと仮定されることが多い．このとき，マークの確率関数もしくは確率密度関数を $p(x)$ と表すと，その場合の条件付き強度関数は $\lambda(t_i, x_i|H_{t_i}) = p(x_i)\lambda(t_i|H_{t_i})$ と分解でき，このとき確率密度関数は

$$p_{[0,T]}(\boldsymbol{t}_n, \boldsymbol{x}_n) = \prod_{i=1}^{n} p(x_i) \times \prod_{i=1}^{n} \lambda(t_i|H_{t_i}) \times \exp\left[-\int_0^T \lambda(s|H_s)ds\right] \tag{6.8}$$

と分解される．このとき，マークの生成に関する確率密度関数が他と分離されているため，マークの従う確率分布に関する推論と，マークの値が与えられたもとでのイベント発生に関する推論を分けて行うことができる．

6.1.3 イベントの発生時刻が与えられたときのマークの条件付き分布

ここでは，時刻 t までのイベントの発生履歴 H_t が与えられているときに，微小な幅の区間 $[t, t+\Delta]$ にマークを問わず何らかのイベントが発生したとする．このときに，このイベントのマーク x の従う条件付き確率分布を求めよう．マークが離散確率変数の場合には，マークの条件付き確率分布 $P^*(x|H_t)$ は，

$$\begin{aligned} P^*(x|H_t) &= \frac{P[N(t, t+\Delta) = 1, x|H_t]}{P[N(t, t+\Delta) = 1)|H_t]} \\ &= \frac{\lambda(t, x|H_t)}{\lambda(t|H_t)} \end{aligned} \tag{6.9}$$

である．マークが連続確率変数の場合のマークの条件付き確率密度関数 $p^*(x|H_t)$ も同様に求めることができ，結果的に同じ式となる：

$$p^*(x|H_t) = \frac{\lambda(t, x|H_t)}{\lambda(t|H_t)}. \tag{6.10}$$

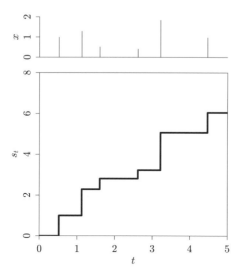

図 6.1 マーク付き点過程と複合点過程の例.上のパネルはマーク付き点過程のサンプルであり,マークの値を棒の高さにより表している.下のパネルはそれに対応する複合点過程のサンプルを示している.

6.2 複合点過程

ここでは,マーク付き点過程に基づいて定義される重要な確率過程として,複合点過程を紹介する.独立同一分布に従う実数値のマークをもつマーク付き点過程について,区間 $[0,t]$ に発生するイベントのマークの累積和 $s_t = x_1 + \cdots + x_{N(0,t)}$ として特徴付けられる確率過程を**複合点過程** (compound point process) という.特に,点過程がポアソン過程である場合には**複合ポアソン過程** (compound Poisson process) という.複合点過程は,例えば保険会社の保険金支払総額のように,イベント毎にやりとりされる量の累計の推移のモデルとして用いられる.複合点過程は,図 6.1 のように値がジャンプでのみ変化するため,ジャンプ過程とも呼ばれる.特に,値のジャンプする時刻がイベント発生時刻,ジャンプの幅がマークに対応しているため,複合点過程とマーク付き点過程は一対一に対応しているといえる.以降では,複合点過程,とりわけ,複合ポアソン過程についてその性質を述べる.

6.2.1 複合点過程のモーメント

複合点過程 $s_t = x_1 + \cdots + x_{N(0,t)}$ の期待値，分散などのモーメントを求めるには，まず和をとるマークの個数 $N(0,t)$ 自体が確率過程であることから，一旦 $N(0,t)$ を固定した条件付き期待値をとったのちに，$N(0,t)$ に関する期待値をとることになる．以下の計算については 1.2.5 項も参考のこと．

例えば，$N(0,t)$ の期待値 $E[N(0,t)]$ と分散 $V[N(0,t)]$ およびマークの従う分布の期待値 $E[X]$ と分散 $V[X]$ を用いて，s_t の期待値は

$$\begin{aligned}
E[s_t] &= E[x_1 + \cdots + x_{N(0,t)}] \\
&= E[E[x_1 + \cdots + x_{N(0,t)} | N(0,t)]] \\
&= E[N(0,t) E[X]] \\
&= E[N(0,t)] E[X] \qquad (6.11)
\end{aligned}$$

と表せ，分散は

$$\begin{aligned}
V[s_t] &= E[s_t^2] - E[s_t]^2 \\
&= E[s_t^2] - E[E[s_t|N(0,t)]^2] + E[E[s_t|N(0,t)]^2] - E[s_t]^2 \\
&= E[E[s_t^2|N(0,t)] - E[s_t|N(0,t)]^2] \\
&\qquad + E[E[s_t|N(0,t)]^2] - E[E[s_t|N(0,t)]]^2 \\
&= E[V[s_t|N(0,t)]] + V[E[s_t|N(0,t)]] \\
&= E[N(0,t) V[X]] + V[N(0,t) E[X]] \\
&= E[N(0,t)] V[X] + V[N(0,t)] E[X]^2 \qquad (6.12)
\end{aligned}$$

と表せる．

また，一般の s_t のモーメントについても，$N(0,t)$ のモーメント母関数 $M_{N(0,t)}(r)$ およびマークが従う確率分布のモーメント母関数 $M_X(r)$ で表される s_t のモーメント母関数

6.2 複合点過程

$$
\begin{aligned}
M_{s_t}(r) &= E[\exp[rs_t]] \\
&= E[E[\exp[r(x_1 + \cdots + x_{N(0,t)})]|N(0,t)]] \\
&= E[E[\exp[rx_1] \times \cdots \times \exp[rx_{N(0,t)}]|N(0,t)]] \\
&= E[M_X(r)^{N(0,t)}] \\
&= E[\exp[N(0,t) \log M_X(r)]] \\
&= M_{N(0,t)}(\log M_X(r)) \tag{6.13}
\end{aligned}
$$

を利用して求めることができる．

なお，特に点過程が強度 λ のポアソン過程に従う複合ポアソン過程の場合には，式 (6.11)，(6.12)，(6.13) に $E[N(0,t)] = V[N(0,t)] = \lambda t$, $M_{N(0,t)}(r) = \exp[\lambda t(e^r - 1)]$ を代入することで

$$E[s_t] = \lambda t E[X] \tag{6.14}$$

$$V[s_t] = \lambda t\{V[X] + E[X]^2\} = \lambda t E[X^2] \tag{6.15}$$

$$M_{s_t}(r) = \exp[\lambda t\{M_X(r) - 1\}] \tag{6.16}$$

となる．

6.2.2 複合ポアソン過程の合成と分解

ここでは，複合ポアソン過程の合成と分解に関する性質を紹介する．これらの性質は，複合ポアソン過程の分布を計算するのに有用となる．

互いに独立な複合ポアソン過程 $s_{1t}, \ldots, s_{mt}$ について，それぞれのポアソン過程の強度を $\lambda_1, \ldots, \lambda_m$, マークの累積分布関数を $F_1, \ldots, F_m$ とおくとき，それらの合計 $s_t = s_{1t} + \cdots + s_{mt}$ は，ポアソン過程の強度 $\lambda = \sum_{i=1}^m \lambda_i$, マークの累積分布関数を $F = \sum_{i=1}^m \frac{\lambda_i}{\lambda} F_i$ とする複合ポアソン過程に従う．

このことは，モーメント母関数の一致から確かめることができる．$i = 1, \ldots, m$ について，s_{it} のマークのモーメント母関数を $M_i(r)$ とおくと，s_{it} 自体のモーメント母関数は式 (6.16) より

$$M_{s_{i_t}}(r) = \exp[\lambda_i t\{M_i(r) - 1\}] \tag{6.17}$$

となる.したがって,$s_t = s_{1t} + \cdots + s_{mt}$ のモーメント母関数は

$$\begin{aligned}
M_{s_t}(r) &= E[\exp[r(s_{1t} + \cdots + s_{mt})]] \\
&= \prod_{i=1}^{m} M_{s_{i_t}}(r) \\
&= \exp\left[\sum_{i=1}^{m} \lambda_i t\{M_i(r) - 1\}\right] \\
&= \exp\left[\lambda t\left\{\sum_{i=1}^{m} \frac{\lambda_i}{\lambda} M_i(r) - 1\right\}\right]
\end{aligned} \tag{6.18}$$

となる.一方,累積分布関数 $F = \sum_{i=1}^{m} \frac{\lambda_i}{\lambda} F_i$ をもつ確率変数 X のモーメント母関数を $M_X(r)$ とおくと

$$\begin{aligned}
M_X(r) &= \int_{-\infty}^{\infty} \exp(rx) dF(x) \\
&= \sum_{i=1}^{m} \frac{\lambda_i}{\lambda} \int_{-\infty}^{\infty} \exp(rx) dF_i(x) \\
&= \sum_{i=1}^{m} \frac{\lambda_i}{\lambda} M_i(r)
\end{aligned} \tag{6.19}$$

となる.ゆえに,s_t のモーメント母関数 (6.18) は,ポアソン過程の強度 λ,マークの累積分布関数を F とする複合ポアソン過程のモーメント母関数と一致することが示された.

この複合ポアソン過程の合成に関する性質は,マークが離散分布に従う複合ポアソン過程の分解へと利用することができる.ポアソン過程の強度 λ をもつ複合ポアソン過程 s_t のマークが従う確率分布が,有限集合 $\{x_1, \ldots, x_m\}$ 上でそれぞれの確率が $p_1, \ldots, p_m$ となる離散分布であるとき,複合ポアソン過程 s_t は強度 $\lambda_i = \lambda p_i$ $(i = 1, \ldots, m)$ をもつポアソン過程 $N_1, \ldots, N_m$ を用いて $s_t = \sum_{i=1}^{m} x_i N_i(0, t)$ と表すことができる.このことは,$i = 1, \ldots, m$ について $x_i N_i(0, t)$ をマークが確率 1 で x_i をとる複合ポアソン過程と見なして,前述の複合ポアソン過程の合成の性質を

6.3 Hawkes過程のマーク付き点過程への拡張

適用することで確かめることができる.

前章で扱ったHawkes過程は自己励起過程の単純なモデルであり,現実の様々な現象を記述するためには,より複雑な性質を考慮する必要がある.本節では,特にマーク付き点過程をモデル化するためのHawkes過程のいくつかの拡張を紹介する.

6.3.1 イベント毎に影響力の異なるモデル

Hawkes過程では,イベントはその後にさらなるイベントを引き起こすことができるが,イベントを引き起こす強さ(影響力)はすべてのイベントで同一である.しかしながら,それぞれのイベントが発生時刻以外の情報(マーク)をもっているマーク付き点過程では,マークに応じて影響力が異なるようなことがありうる.そのような例として,地震活動がある.地震も自己励起性を有しているが,大きな地震ほどその後に引き起こす地震の数も大きいことが知られている.ここでは,そのような性質を取り入れたモデルとして **epidemic-type aftershock sequence (ETAS)** モデルを紹介する [15]. ETASモデルは点過程の応用研究の歴史の中では比較的初期に提案されたモデルであり,またETASモデルの研究の中から様々な点過程の解析手法などが発展した,という意味でも意義のあるモデルである.

地震活動のデータはそれぞれの地震の時刻とマグニチュード $\{t_i, M_i\}$ によって特徴付けられる.まず,地震のマグニチュード M はイベントの発生時刻や履歴に依存せず,互いに独立にある確率分布 $p(M)$ に従うことを仮定し,マーク付き点過程の条件付き強度関数 $\lambda(t, M|H_t)$ を

$$\lambda(t, M|H_t) = p(M)\lambda(t|H_t) \tag{6.20}$$

と分解する.ここで,ETASモデルはイベントの発生時刻に関する条件付き強度関数 $\lambda(t|H_t)$ が

$$\lambda(t|H_t) = \mu + \sum_{t_i < t} \phi(M_i) g(t - t_i) \qquad (6.21)$$

で与えられるモデルである．ETAS モデルでは，それぞれの地震の影響力が $\phi(M_i)$ を通してマグニチュード M_i に依存している．多くの場合，$\phi(M_i) = \exp(\alpha M_i)$ とされ，マグニチュードの大きな地震ほどその後に多くの地震を引き起こすという性質が取り入れられている．

6.3.2 時空間モデル

それぞれのイベントが発生場所の情報 $\boldsymbol{r}_i = (x_i, y_i)$ をもっているようなマーク付き点過程を考えることもできる．そのような例としては地震や犯罪の発生などが考えられる．ここでは，このような点過程の時空間モデルを紹介する．

まず，時空間に拡張された条件付き強度関数 $\lambda(t, \boldsymbol{r}|H_t)$ は，時刻 t までの発生履歴 $H_t = \{(t_i, \boldsymbol{r}_i)|t_i < t\}$ が与えられた上で，イベントが微小な空間 $[(t, t + \Delta_t), (x, x + \Delta_x), (y, y + \Delta_y)]$ 内に起こる確率を

$$P\left(N[(t, t + \Delta_t), (x, x + \Delta_x), (y, y + \Delta_y)] = 1 | H_t\right)$$
$$= \lambda(t, \boldsymbol{r}|H_t) \Delta_t \Delta_x \Delta_y \qquad (6.22)$$

と与える．

Hawkes 過程の時空間モデルへの拡張の一つとして，

$$\lambda(t, \boldsymbol{r}|H_t) = \mu(\boldsymbol{r}) + \sum_{t_i < t} \phi(|\boldsymbol{r} - \boldsymbol{r}_i|) g(t - t_i) \qquad (6.23)$$

というような条件付き強度関数のモデルを考えることができる．ここで $\phi(r)$ は距離に対するカーネル関数であり，距離が大きくなると値が小さくなるような関数，例えば指数減衰関数

$$\phi(r) = \exp\left(-\frac{r^2}{2d}\right) \qquad (6.24)$$

や冪減衰関数

$$\phi(r) = \frac{1}{(r^2 + d)^q} \qquad (6.25)$$

などがよく用いられる．このモデルでは，あるイベントが起きた後にその周辺のイベントの発生確率が上がるため，イベントが時空間内でクラスター化するような振る舞いを示す．このモデルは犯罪発生のモデルとして用いられ，実際に犯罪発生の予測モデルとして用いられている [13]．また，前項の ETAS モデルも同様の方法で時空間モデルへ拡張することができる [16]．

6.3.3 多次元モデル

これまでは単一のプロセスがイベントを生成するような点過程を調べてきた．その拡張として複数の点過程が相互作用するような過程を考えることができる．そのような例は現実の世界ではよく現れ，例えば金融市場ではある市場で起きた価格の変動が，他の市場での価格の変動を引き起こすということがしばしば起こることが知られている．

6.1.1 項でも述べた通り，このような過程もマーク付き点過程として扱うことができる．ここでは，各イベントは発生時刻 t_i とそれを生成したプロセスの番号 k_i ($k_i = 1, 2, \ldots, M$) によって特徴付けられるとしよう．このとき，マーク付き点過程に対する条件付き強度関数 $\lambda(t, k|H_t)$ で k を固定したものは，k 番目のプロセスから生成されるイベントの発生時刻に対する条件付き強度関数を表し，ここではこれを $\lambda_k(t|H_t)$ と書くことにしよう．

ここでは，**多次元 Hawkes 過程**を紹介する [8]．多次元 Hawkes 過程では，各プロセスは自身の生成したイベントからだけでなく，他のプロセスが生成したイベントからも励起されるような過程である．多次元 Hawkes 過程では，条件付き強度関数 $\lambda_k(t|H_t)$ が

$$\lambda_k(t|H_t) = \mu_k + \sum_{t_i < t} g_{k,k_i}(t - t_i) \tag{6.26}$$

で与えられる．ここで，$g_{k,l}(\cdot)$ は l 番目のプロセスのイベントが k 番目のプロセスに与える影響の強さを表すカーネル関数を表している．多次元 Hawkes 過程はこのように異なるプロセス間の因果性をモデル化している点が応用上，非常に有用である．

また，多次元モデルをさらに拡張し，それぞれの点過程が連続時系列から影響を受けるようなモデルもある [17].

第7章

点過程のシミュレーション

　これまでの章では点過程の様々なモデルを説明してきたが，本章ではそれぞれのモデルに従うイベントを生成するための方法，つまりイベントのシミュレーションを行う方法について解説する．シミュレーションは，イベントがどのように分布するかを確認するときや，将来のイベント発生の予測を行うとき，ある種の問題に対して統計的な評価を行うときなどに有用である．

　点過程のシミュレーションを行う最も素朴な方法は，時間軸を十分に小さな幅の区間に分割し，それぞれの区間でイベントの発生確率 (3.1) を条件付き強度関数を用いて計算し，それに応じてそこでイベントが発生するかしないかを確率的に決めるものである．しかしながら，この方法ではイベントの発生を決める作業を，非常に多くの回数行わなくてはならないとともに，ほとんどの区間ではイベントは発生しないため，非常に非効率的である．以下では，それぞれのモデルの性質をうまく利用して，効率的にシミュレーションを行うための方法を解説する．

7.1　乱数の生成

　点過程のシミュレーションを行うための基礎として，まず各種の単変数の確率分布に従う乱数を生成する方法を解説する [6]．ここでは $[0, 1]$ の一様分布に従う一様乱数 U は何らかの方法により得られるとする．以下

では単に一様分布または一様乱数といったときには，その定義域は $[0, 1]$ であるとする．非一様な確率分布に従う乱数は一様乱数を利用することにより得られる．

7.1.1 逆変換法

逆変換法は，一様乱数を適切に変換することで望みの確率分布に従う乱数を生成する方法である．このために，以下の確率分布の性質を用いる．

- 確率変数 x が確率密度関数 $p(x)$ に従うとき，その累積分布関数 $F(x) = \int_{-\infty}^{x} p(s) ds$ を用いて得られる確率変数 $y = F(x)$ は $[0, 1]$ 上の一様分布に従う．

- またその逆も成り立つ．つまり確率変数 y が $[0, 1]$ 上の一様分布に従うとき，F の逆変換 F^{-1} を用いて得られる確率変数 $x = F^{-1}(y)$ は確率密度関数 $p(x)$ に従う．

この性質は，式 (1.25) の確率変数の変換の公式を用いると，確率変数 y の従う確率密度関数 $p(y)$ が

$$p(y) = p(x) \left| \frac{dF}{dx} \right|^{-1}$$
$$= 1 \quad (0 < y < 1) \tag{7.1}$$

と求まることからわかる．また同様にして，その逆も示せる．この性質から，以下の乱数生成のアルゴリズム 7.1 が得られる．

アルゴリズム 7.1 確率密度関数 $p(x)$ に従う乱数の生成（逆変換法）

1: 一様乱数 U を生成する．
2: $p(x)$ の累積分布関数の逆関数 F^{-1} を用いて，$x = F^{-1}(U)$ を返す．

7.1.3 項で見るように，指数分布に関しては F^{-1} を容易に得ることができるので，逆変換法を用いて効率的に乱数を生成することができる．その

一方で，F^{-1} を解析的に得られない場合には，逆変換法は一般には非効率的である．

7.1.2 棄却法

棄却法は望みの確率密度関数 $p(x)$ から乱数を直接生成するのが難しいときによく用いられる．棄却法は，まず乱数の生成が可能な別の確率密度関数 $p^*(x)$（提案分布）から乱数 x^* を生成し，それを $p(x)$ の乱数の候補として見なし，その候補を x^* の値に応じた採択確率 $r(x^*)$ で採択する方法である．ここで採択確率 $r(x)$ を，定義域で $p(x) \leq \alpha p^*(x)$ を満たす α に対して，$r(x) = p(x)/\alpha p^*(x)$ とすれば，採択された候補は $p(x)$ に従う．ある候補を確率 r で採択するには，一様乱数 U を生成し，$U \leq r$ ならば候補を採択し，そうでなければ候補を棄却すればよい．候補が棄却された場合は，新しい候補を用意し，この手順を再び行い，候補が採択されるまでこれを繰り返す．

アルゴリズム 7.2 確率密度関数 $p(x)$ に従う乱数の生成（棄却法）

1: 提案分布 $p^*(x)$ および，定義域全域で $p(x) \leq \alpha p^*(x)$ を満たす最小の α を決める．
2: 以下を繰り返す．
    2.1: 提案分布 $p^*(x)$ に従う乱数 x^*（候補）を生成する．
    2.2: 一様乱数 U と採択確率 $r \leftarrow p(x^*)/\alpha p^*(x^*)$ に対して，もし $U \leq r$ ならば候補を採択しステップ 3 に進み，そうでなければ候補を棄却しステップ 2.1 に戻る．
3: 採択された候補 x^* を返す．

棄却法は幾何学的には図 7.1 のように理解できる．ここでは単純な例として，提案分布に一様分布を用いている．$p(x) \leq \alpha p^*(x)$ の条件から，$p(x)$ は $\alpha p^*(x)$ に包まれるような形になっている．棄却法は，まず提案分布 $p^*(x)$ に従う乱数 x^* と $[0, \alpha p^*(x^*)]$ 上の一様乱数 y^* からなる候補点

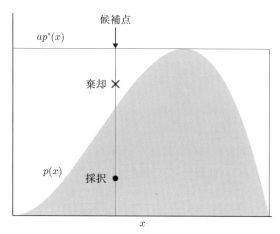

図 7.1 棄却法．まず提案分布 $p^*(x)$（ここでは一様分布）に従う候補点 x^*（矢印）を選ぶ．その次に $[0, \alpha p^*(x^*)]$ 上の一様分布に従う乱数 y^* を生成し，点 (x^*, y^*) が $p(x^*)$ より下に位置すれば候補を採択し，そうでなければ棄却する．

(x^*, y^*) を生成し，これが $p(x^*)$ の曲線の下側の領域（図 7.1 の灰色の領域）に落ちればそれを採択し，そうでなければ棄却することに対応している．候補点 (x^*, y^*) は平面上で一様に分布していることから，$p(x^*)$ の曲線の下側の領域に落ちた候補点を採択すれば，採択された候補 x^* は $p(x^*)$ に従うということは，理解しやすいであろう．

7.1.3 各種の確率分布に従う乱数の生成方法

ここではそれぞれの確率分布に従う乱数の生成法の具体例を調べていく．最初に解説する指数分布からの乱数生成は，点過程のシミュレーションにおいて重要な役割を果たす．それ以外の確率分布からの乱数生成は，更新過程のシミュレーションに用いることを想定しており，必要に応じて参照されたい．

● **指数分布**

逆変換法を用いることで，期待値 β の指数分布

$$p(x) = \frac{1}{\beta} \exp\left(-\frac{x}{\beta}\right) \quad (x \geq 0) \tag{7.2}$$

に従う乱数 x を簡単に生成することができる．指数分布の累積分布関数の逆関数は

$$F^{-1}(y) = -\beta \log(1-y) \quad (0 \leq y \leq 1) \tag{7.3}$$

と求まるため，逆変換法（アルゴリズム 7.1）を適用すればよい．よってアルゴリズムは以下のようにまとめられる．

アルゴリズム 7.3 期待値 β の指数分布に従う乱数 x の生成

1: 一様乱数 U を生成し，$x = -\beta \log U$ を返す．

ここでは，y が一様乱数であるときには，$(1-y)$ も同様に一様乱数であることを利用した．

●ガンマ分布

確率密度関数

$$p(x|\alpha, \beta) = \frac{x^{\alpha-1}}{\beta^\alpha \Gamma(\alpha)} \exp\left(-\frac{x}{\beta}\right) \quad (x \geq 0) \tag{7.4}$$

をもつガンマ分布に従う乱数は，ガンマ分布の再生性を用いて生成できる．ここでは，α の整数部分を α_I，小数部分を α_F とおくと，$p(x|\alpha_I, \beta)$ に従う乱数と $p(x|\alpha_F, \beta)$ に従う乱数の和により，$p(x|\alpha, \beta)$ に従う乱数が得られることを利用する．

まず，α が整数の場合を考える．$p(x|1, \beta)$ のガンマ分布は期待値 β の指数分布であることを考慮すると，この指数分布に従う α 個の独立な乱数の和として，$p(x|\alpha, \beta)$ に従う乱数を得ることができる．

アルゴリズム 7.4 パラメータ α, β のガンマ分布（α は正の整数）に従う乱数 x の生成

1: アルゴリズム 7.3 により，期待値 β の指数分布に従う独立な α 個の乱数 $x_1, \ldots, x_\alpha$ を生成し，その総和 $x_1 + \cdots + x_\alpha$ を返す．

次に，$0 < \alpha < 1$ の場合を考える．この場合は，棄却法を用いて乱数の生成を行うことができる．ここでは手法の導出については概要のみにとどめ，詳細については参考文献 [1] 等を参照されたい．

$p(x|\alpha, 1)$ に従う乱数を β 倍することで $p(x|\alpha, \beta)$ に従う乱数を得ることができるので，$p(x|\alpha, 1)$ からの乱数の生成法を考えればよい．ここで，$g(x|\alpha)$ を $x < 1$ で $x^{\alpha-1}/\Gamma(\alpha)$ となり，$x \geq 1$ で $\exp(-x)/\Gamma(\alpha)$ となる関数とすると，$p(x|\alpha, 1) \leq g(x|\alpha)$ の不等式が成り立つので，この性質を用いて $p(x|\alpha, 1)$ に対する棄却法を構成することができ，結果として以下のアルゴリズムが得られる．

アルゴリズム 7.5 パラメータ α, β のガンマ分布 $(0 < \alpha < 1)$ に従う乱数 x の生成

1: 一様乱数 U に対して，$p \leftarrow (\alpha + e)/e, q \leftarrow pU$ とする．
2: $q < 1$ ならばステップ 2.a に，そうでなければステップ 2.b に進む．
   2.a: 一様乱数 U' と $x \leftarrow q^{1/\alpha}$ に対して，$U' < \exp(-x)$ ならばステップ 3 に進み，そうでなければステップ 1 に戻る．
   2.b: 一様乱数 U'' と $x \leftarrow -\log(\frac{p-q}{\alpha})$ に対して，$U'' < x^{\alpha-1}$ ならばステップ 3 に進み，そうでなければステップ 1 に戻る．
3: βx を返す．

上の二つのアルゴリズムを用いると，一般の α に対するガンマ分布の乱数の生成法が得られる．

アルゴリズム 7.6 パラメータ α, β のガンマ分布に従う乱数 x の生成

1: α の整数部を α_I とし，小数部を α_F とする．
2: アルゴリズム 7.4 を用いて，$p(x|\alpha_I, \beta)$ のガンマ分布に従う乱数 x_I を生成する．
3: アルゴリズム 7.5 を用いて，$p(x|\alpha_F, \beta)$ のガンマ分布に従う乱数 x_F

を生成する.

4: $(x_I + x_F)$ を返す.

●ワイブル分布

確率密度関数

$$p(x|\alpha,\beta) = \frac{\alpha}{\beta}\left(\frac{x}{\beta}\right)^{\alpha-1}\exp\left[-\left(\frac{x}{\beta}\right)^\alpha\right] \quad (x \geq 0) \tag{7.5}$$

をもつワイブル分布は,累積分布関数

$$F(x) = 1 - \exp\left[-\left(\frac{x}{\beta}\right)^\alpha\right] \quad (x \geq 0) \tag{7.6}$$

に対する逆変換が

$$F^{-1}(y) = \beta\{-\log(1-y)\}^{1/\alpha} \quad (0 \leq y \leq 1) \tag{7.7}$$

と陽に求まる.そのため,逆変換法(アルゴリズム 7.1)が適用でき,以下のアルゴリズムにより乱数を生成できる.

アルゴリズム 7.7 *パラメータ α, β のワイブル分布に従う乱数 x の生成*

1: 一様乱数 U を生成し,$\beta(-\log U)^{1/\alpha}$ を返す.

●正規分布

平均 0,分散 1 の標準正規分布に従う乱数の生成法としては,ボックス・ミューラー法が有名である.これは,二つの独立な一様乱数 U_1, U_2 を

$$z_1 = \sin 2\pi U_1 \sqrt{-2\log U_2} \tag{7.8}$$

$$z_2 = \cos 2\pi U_1 \sqrt{-2\log U_2} \tag{7.9}$$

のように変換すると,z_1 と z_2 が互いに独立に標準正規分布に従うことを利用した乱数生成法である.あとは正規分布の性質に基づけば,平均 μ,分散 σ^2 の正規分布に従う乱数は以下のアルゴリズムにより生成できる.

アルゴリズム 7.8 平均 μ, 分散 σ^2 の正規分布に従う互いに独立な乱数 x_1, x_2 の生成

1: 二つの独立な一様乱数 U_1, U_2 を生成し，式 (7.8), (7.9) により，二つの独立な標準正規乱数 z_1, z_2 を得る．
2: 標準正規乱数 z_1, z_2 から算出される $x_1 = \mu + \sigma z_1$, $x_2 = \mu + \sigma z_2$ を返す．

● 対数正規分布

対数正規分布は，平均 μ, 分散 σ^2 の正規分布に従う確率変数 X を $Y = \exp(X)$ と変換したときに Y が従う確率分布であるため，正規分布の乱数生成を利用した以下のアルゴリズムを用いればよい．

アルゴリズム 7.9 パラメータ μ, σ^2 の対数正規分布に従う乱数 y の生成

1: アルゴリズム 7.8 により正規乱数 x を得る．
2: $y = \exp(x)$ を返す．

● 逆ガウス分布

確率密度関数

$$p(x|\mu,\xi) = \sqrt{\frac{\xi}{2\pi x^3}} \exp\left[-\frac{\xi(x-\mu)^2}{2\mu^2 x}\right] \quad (x \geq 0) \quad (7.10)$$

をもつ逆ガウス分布の乱数の生成法としては，逆ガウス分布に従う確率変数 x を $\frac{\xi(x-\mu)^2}{\mu^2 x}$ と変換したものが，自由度 1 の χ^2 分布（標準正規分布に従う確率変数の 2 乗が従う分布）に従うことを利用したものがある [12]．

アルゴリズム 7.10 パラメータ μ, λ の逆ガウス分布に従う乱数 z の生成

1: アルゴリズム 7.8 により標準正規乱数 x を得て，$y = \mu + \frac{\mu^2 x^2}{2\xi} - \frac{\mu}{2\xi}\sqrt{4\mu\xi x^2 + \mu^2 x^4}$ を求める．

2: 一様乱数 U を生成し，$U \leq \frac{\mu}{\mu+y}$ であれば $z=y$ を，そうでなければ $z=\mu^2/y$ を返す．

7.2 ポアソン過程のシミュレーション

以下では，点過程のシミュレーション方法について解説していく．本節ではポアソン過程に従うイベントの生成法について解説する．

7.2.1 定常ポアソン過程

強度 λ の定常ポアソン過程では，イベント間間隔が互いに独立に期待値 $1/\lambda$ の指数分布に従う（定理 2.7）．そのため，あるイベントの発生時刻に期待値 $1/\lambda$ の指数分布に従う乱数を加えることで，次のイベントの発生時刻を得ることができ，これを繰り返すことで効率的にシミュレーションを行うことができる．指数分布に従う乱数はアルゴリズム 7.3 で生成できる．

アルゴリズム 7.11 観察期間 $[0,T]$ における強度 λ の定常ポアソン過程のシミュレーション

1: $X \leftarrow 0, i \leftarrow 0$ とする．
2: 以下を繰り返す．
   2.1: 期待値 $1/\lambda$ の指数分布に従う乱数 E を生成する．
   2.2: $X \leftarrow X+E$ とし，$X \leq T$ ならば $i \leftarrow i+1, t_i = X$ としステップ 2.1 に戻る．$X > T$ ならばステップ 3 に進む．
3: $\{t_1, t_2, \ldots, t_i\}$ を返す．

また定理 2.5 で，観察期間内のイベント数が与えられているときには，それぞれのイベントの発生時刻は（順序関係を無視すると）互いに独立に観察期間内で一様に分布することを解説した．この性質を利用して，イベント数を期待値 λT のポアソン分布に従う乱数として与え，それぞれのイ

ベントの発生時刻を観察期間内の一様分布に従う乱数で与えるという方法も考えられる．しかしながら，この方法はアルゴリズム 7.11 に比べると効率的とはいえない．まず，ポアソン分布に従う乱数を効率的かつ容易に生成する方法がない．さらに，この方法では得られた発生時刻の集合を最終的にはソートする必要があり，その手間もかかる．よって，一般的には定常ポアソン過程のシミュレーションにはアルゴリズム 7.11 が使われる．

7.2.2 非定常ポアソン過程

強度関数 $\lambda(t)$ の非定常ポアソン過程のシミュレーションを行うには，棄却法を拡張した**間引き法** (thinning method) が有用である．間引き法は，まずシミュレーションが可能な別の点過程（提案過程）から候補となるイベントのシミュレーションを行い，それぞれの候補を確率的に採択する方法である．ここでは，提案過程の条件付き強度関数を $\lambda^*(t|H_t^*)$ とおき，観察期間で $\lambda(t) \leq \lambda^*(t|H_t^*)$ を満たすものとする．ここで H_t^* は提案過程から生成されたイベントの発生履歴を表しており，それぞれのイベントの採択・棄却についての情報も含んでいるとする．ある時刻 t^* に提案過程からイベントが生成されたとき，その採択確率は $r(t^*) = \lambda(t^*)/\lambda^*(t^*|H_{t^*}^*)$ とする．

ここでは提案過程は条件付き強度関数をもち，つまりそれぞれのイベント発生はそれまでのイベントの発生履歴に依存するが，採択されたイベントの発生はそれまでの採択されたイベントの発生履歴には依存しないことに注意されたい．実際に，採択されたイベントの強度関数は提案過程の条件付き強度関数 $\lambda^*(t|H_t^*)$ と採択確率 $r(t)$ の積の $\lambda(t)$ である．以下で解説するように，提案過程としてある強度関数をもつ非定常ポアソン過程を用いることもできるが，条件付き強度関数をもつ一般の点過程を考えることで，より効率的にシミュレーションを行うことができる．

最初に，提案過程が強度 $\lambda^* = \max \lambda(t)$ の定常ポアソン過程である場合を考える [10]．このときには，提案過程のシミュレーションにはアルゴリズム 7.11 を用いればよい．

7.2 ポアソン過程のシミュレーション

アルゴリズム 7.12 観察期間 $[0, T]$ における強度関数 $\lambda(t)$ の非定常ポアソン過程のシミュレーション

1: $\lambda^* = \max \lambda(t), t^* \leftarrow 0, i \leftarrow 0$ とする.
2: 以下を繰り返す.
   2.1: 期待値 $1/\lambda^*$ の指数分布に従う乱数 E を生成し，次のイベントの発生時刻の候補を $t^* \leftarrow t^* + E$ とする. $t^* > T$ ならばステップ3に進む.
   2.2: 採択確率 $r \leftarrow \lambda(t^*)/\lambda^*$ と一様乱数 U に対して，$U \leq r$ ならば候補を採択し，$i \leftarrow i+1, t_i = t^*$ とする. そうでなければ候補を棄却する. その後ステップ2.1に戻る.
3: $\{t_1, t_2, \ldots, t_i\}$ を返す.

この間引き法は幾何学的には図7.2(a)のように解釈できる．間引き法は，提案過程から生成したイベントの発生時刻 t^* と $[0, \lambda^*]$ 上の一様乱数 y^* からなる候補点 (t^*, y^*) のシミュレーションを行い，強度関数 $\lambda(t)$ の曲線よりも下側の領域（図7.2の灰色の領域）に落ちた候補のみを採択することに対応している．このことからも，間引き法が棄却法を拡張したものであることがわかる．

上のアルゴリズムは比較的単純である一方で，観察期間の広い部分で $\lambda(t)$ の値が λ^* に比べて十分小さい場合には，その部分で多くの候補が棄却されてしまうため，効率が悪い（図7.2(a)）．そこで強度が時間に応じて変わっていくような提案過程を用いることで，候補が棄却される回数を減らすことができ，アルゴリズムの効率を上げることができる．

ここでは，ある時刻 t_i^* にイベントが生成されたときに，次のイベント t_{i+1}^* はある強度 λ_i^* の定常ポアソン過程に従うような点過程（イベント変調型のポアソン過程）を考え，ここでは $\lambda_i^* = \max_{t_i^* < t} \lambda(t)$ とする [14]（図7.2(b)）．このときには，提案過程のイベント間間隔 $t_{i+1}^* - t_i^*$ は期待値が $1/\lambda_i^*$ の指数分布に従う性質を用いて，提案過程のシミュレーションを行えばよい．

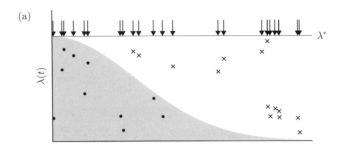
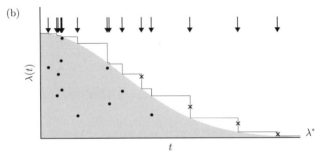

図 7.2 間引き法を用いた非定常ポアソン過程のシミュレーション．細い実線は提案過程の（条件付き）強度関数を表している．矢印は提案過程から生成されたイベントで，そのうち黒丸が採択されたイベント，バツ印は棄却されたイベントである．(a) は提案過程として定常ポアソン過程を用いた方法で，(b) は提案過程の強度を適応的に変化させた方法である．

アルゴリズム 7.13 観察期間 $[0, T]$ における強度関数 $\lambda(t)$ の非定常ポアソン過程のシミュレーション

1: $\lambda^* \leftarrow \max \lambda(t), t^* \leftarrow 0, i \leftarrow 0$ とする．
2: 以下を繰り返す．
 2.1: 期待値 $1/\lambda^*$ の指数分布に従う乱数 E を生成し，次のイベントの発生時刻の候補を $t^* \leftarrow t^* + E$ とする．$t^* > T$ ならばステップ 3 に進む．
 2.2: 採択確率 $r \leftarrow \lambda(t^*)/\lambda^*$ と一様乱数 U に対して，$U \leq r$ ならば候補を採択し，$i \leftarrow i+1, t_i = t^*$ とする．そうでなければ候補を棄却する．

2.3: $\lambda^* \leftarrow \max_{t > t^*} \lambda(t)$ とし，ステップ 2.1 に戻る．
3: $\{t_1, t_2, \ldots, t_i\}$ を返す．

この方法では特に $\lambda(t)$ が観察期間で単調減少する場合には，アルゴリズム 7.13 中のステップ 2.3 が $\lambda^* \leftarrow \lambda(t^*)$ となるので，非常に実装が容易である．図 7.2(b) のように $\lambda(t)$ の減少に応じて，提案過程の強度 λ^* も小さくなるので，提案過程から候補のイベントが生成される回数が減り，シミュレーションの効率が上がっていることがわかる．

これまで間引き法に基づいたシミュレーション法を説明してきたが，2.2.2 項では定常ポアソン過程を時間変換することにより任意の非定常ポアソン過程を得ることができることを解説した．この性質を用いて，定常ポアソン過程をシミュレーションした後に，適切に時間変換を行うことで非定常ポアソン過程を得ることも考えられる．しかしながら，一般的にこの時間変換は解析的に得ることができないため，数値的な方法に頼らざるを得ず，効率のよい方法とはいえない．

7.3 更新過程のシミュレーション

ここでは，更新過程のシミュレーション法を扱う．4.1 節で扱ったようなある起点からイベント間間隔 $\tau_1, \tau_2, \ldots$ おきにイベントが発生する更新過程のシミュレーションは単純であり，以下のアルゴリズムのように，イベント間間隔の従う確率分布から 7.1.3 項で紹介した生成法などにより $\tau_1, \tau_2, \ldots$ の乱数を生成してその累積和をとればよい．

アルゴリズム 7.14 $t=0$ を起点とする観察期間 $[0,T]$ の更新過程のシミュレーション

1: $X \leftarrow 0, i \leftarrow 0$ とする．
2: 以下を繰り返す．
   2.1: イベント間間隔の従う確率分布から乱数 τ を生成する．
   2.2: $X \leftarrow X + \tau$ とし，$X \leq T$ ならば $i \leftarrow i+1, t_i = X$ としステップ 2.1 に戻る．$X > T$ ならばステップ 3 に進む．
3: $\{t_1, t_2, \ldots, t_i\}$ を返す．

一方，4.2 節で扱ったような起点をもたない定常更新過程からのシミュレーションでは，最初のイベント発生時刻をどのように得るかが問題となる．確率密度関数 (4.38) をもつ確率分布から棄却法などを用いて直接生成することも考えられるが，以下のアルゴリズムのように起点からの十分な時間経過による疑似的な定常更新過程を作る方が簡便である．

アルゴリズム 7.15 観察期間 $[0,T]$ の定常更新過程のシミュレーション

1: 十分大きな m（例えば $m = 10000$）に対して，アルゴリズム 7.14 を用いて $t = -mT$ を起点とする観察期間 $[-mT, T]$ の更新過程のシミュレーションを行い，得られたイベント発生時刻を $\{t_1, t_2, \ldots, t_n\}$ とおく．
2: 得られたイベント発生時刻のうち，観察期間 $[0,T]$ に含まれる発生時刻 $\{t_k, t_{k+1}, \ldots, t_n\}$ を返す．

最後に，4.4 節にて扱った平均強度関数 $\lambda(t)$ をもつ非定常更新過程からのシミュレーションは，アルゴリズム 7.15 による定常更新過程からのシミュレーションで得られた各イベントの発生時刻 t_i を，$\Lambda(t) = \int_0^t \lambda(s)ds$ の逆関数 Λ^{-1} により $t_i' = \Lambda^{-1}(t_i)$ と時間変換することで得ることができる．

7.4 Hawkes過程のシミュレーション

ここでは，カーネル関数 $g(\tau)$ が単調減少関数である Hawkes 過程のシミュレーションについて解説する．この場合にも，間引き法を用いて効率的にシミュレーションを行うことができる．Hawkes 過程の条件付き強度関数を $\lambda(t|H_t)$ とし，提案過程の条件付き強度関数を $\lambda^*(t|H_t^*)$ として，$\lambda(t|H_t) \leq \lambda^*(t|H_t^*)$ としたときには，時刻 t^* に提案過程から生成されたイベントの採択確率は $r(t^*) = \lambda(t^*|H_{t^*})/\lambda^*(t^*|H_{t^*}^*)$ とすればよい．

ここでも，アルゴリズム 7.13 のように提案過程としてイベント変調型のポアソン過程を用いる．カーネル関数 $g(\tau)$ が単調減少関数である場合には，提案過程として，ある時刻 t_i^* にイベントが生成されたときに次のイベント t_{i+1}^* が強度 $\lambda_i^* = \lim_{t \to t_i^*+0} \lambda(t|H_t)$ の定常ポアソン過程に従うような点過程を用いればよく，このときには $\lambda(t|H_t) \leq \lambda^*(t|H_t^*)$ が常に満たされる（図 7.3）．

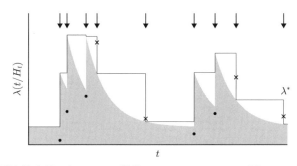

図 7.3 間引き法を用いた Hawkes 過程のシミュレーション．図のスタイルは図 7.2 と同じである．

アルゴリズム 7.16 観察期間 $[0,T]$ における条件付き強度関数 $\lambda(t|H_t) = \mu + \sum_{t_i<t} g(t-t_i)$ の Hawkes 過程のシミュレーション ($g(\cdot)$ が単調減少関数の場合)

1: $\lambda^* \leftarrow \mu, t^* \leftarrow 0, i \leftarrow 0$ とする.
2: 以下を繰り返す.
   2.1: 期待値 $1/\lambda^*$ の指数分布に従う乱数 E を生成し,次のイベントの候補の発生時刻を $t^* \leftarrow t^* + E$ とする.$t^* > T$ ならばステップ 3 に進む.
   2.2: 採択確率 $r \leftarrow \lambda(t^*|H_{t^*})/\lambda^*$ と一様乱数 U に対して,$U \leq r$ ならば候補を採択し,$i \leftarrow i+1, t_i = t^*$ とする.そうでなければ候補を棄却する.
   2.3: 候補が採択された場合は $\lambda^* \leftarrow \lambda(t^*|H_{t^*}) + g(0)$,棄却された場合は $\lambda^* \leftarrow \lambda(t^*|H_{t^*})$ とする.ステップ 2.1 に戻る.
3: $\{t_1, t_2, \ldots, t_i\}$ を返す.

なお,カーネル関数が指数関数 $g(\tau) = ab\exp(-b\tau)$ の場合には,ステップ 2.2 および 2.3 で条件付き強度関数の値は $\lambda(t^*|H_{t^*}) = \mu + (\lambda^* - \mu)\exp(-bE)$ で与えられ,$\lambda(t|H_t) = \mu + \sum_{t_i<t} g(t-t_i)$ を直接計算する必要はない.詳細は付録 8.B を参照せよ.

最後に,多次元 Hawkes 過程のシミュレーション方法について解説する.ここでは,多次元 Hawkes 過程は M 個の異なるプロセスからなり,すべてのカーネル関数 $g_{k,l}(\cdot)$ ($k=1,2,\ldots,M$, $l=1,2,\ldots,M$) は単調減少関数であるとする.まず,最初にマークを問わないイベントの発生時刻の条件付き強度関数 $\lambda(t|H_t) = \sum_{k=1}^{M} \lambda_k(t|H_t)$ を用いて,次のイベントの発生時刻のシミュレーションを行う.この条件付き強度関数 $\lambda(t|H_t)$ は,イベントが発生した直後から次のイベントが発生するまでは単調に減少する関数なので,上で解説した間引き法を用いた単一の Hawkes 過程のシミュレーション法と同様の方法でシミュレーションを行うことができる.次にこのイベントのマーク(イベントを生成したプロセスの番

7.4 Hawkes 過程のシミュレーション

号)を条件付き確率分布 $P^*(k|H_t) = \lambda_k(t|H_t)/\lambda(t|H_t)$ に従う乱数で決める(6.1.3 項を参照のこと).このように,まずイベントの発生時刻を決め,その後にマークを決めるということを繰り返し,シミュレーションを行う.

アルゴリズム 7.17 観察期間 $[0,T]$ における条件付き強度関数 $\lambda_k(t|H_t) = \mu_k + \sum_{t_j < t} g_{k,k_j}(t - t_j)$ $(k = 1, 2, \ldots, M)$ の多次元 Hawkes 過程のシミュレーション($g_{k,l}(\cdot)$ が単調減少関数の場合)

1: $\lambda^* \leftarrow \sum_{k=1}^M \mu_k, t^* \leftarrow 0, i \leftarrow 0$ とする.
2: 以下を繰り返す.
 2.1: 期待値 $1/\lambda^*$ の指数分布に従う乱数 E を生成し,次のイベントの候補の発生時刻を $t^* \leftarrow t^* + E$ とする.$t^* > T$ ならばステップ 3 に進む.
 2.2: 採択確率 $r \leftarrow \lambda(t^*|H_{t^*})/\lambda^*$ と一様乱数 U に対して,$U \leq r$ ならば候補を採択し,$i \leftarrow i+1, t_i = t^*$ とする.そうでなければ候補を棄却する.
 2.3: 候補が採択された場合は,確率分布 $P^*(k|H_{t^*}) = \lambda_k(t^*|H_{t^*})/\lambda(t^*|H_{t^*})$ から生成した乱数 K に対し,$k_i = K$ とし,$\lambda^* \leftarrow \lambda(t^*|H_{t^*}) + \sum_{k=1}^M g_{k,k_i}(0)$ とする.棄却された場合は $\lambda^* \leftarrow \lambda(t^*|H_{t^*})$ とする.ステップ 2.1 に戻る.
3: $\{(t_1, k_1), (t_2, k_2), \ldots, (t_i, k_i)\}$ を返す.

第 8 章

点過程の統計推定と診断解析

これまでは，それぞれの点過程のモデルからイベントがどのように発生するかということについて調べてきた．本章では点過程のデータが与えられたときに，それに適合するモデルを推定するための方法について解説する．

8.1 最尤法

8.1.1 最尤法と標準誤差

観察期間 $[0, T]$ において，イベントのデータ $\boldsymbol{t}_n = \{t_1, t_2, \ldots, t_n\}$ がある点過程のモデルに従っていると仮定する．このモデルは確率密度関数が $p_{[0,T]}(\boldsymbol{t}_n|\boldsymbol{\theta})$ で与えられ，未知のパラメータ $\boldsymbol{\theta} = (\theta_1, \theta_2, \ldots, \theta_m)^T$ をもっているとしよう．ここで，パラメータ $\boldsymbol{\theta}$ をどのように選べばよいだろうか？

最尤法 (maximum likelihood method) は，データが発生する確率 $p_{[0,T]}(\boldsymbol{t}_n|\boldsymbol{\theta})$ が最も大きくなるようにパラメータを選ぶ方法である．ここで，次の式で定義される尤度関数 $L(\boldsymbol{\theta}|\boldsymbol{t}_n)$ を導入する：

$$L(\boldsymbol{\theta}|\boldsymbol{t}_n) = p_{[0,T]}(\boldsymbol{t}_n|\boldsymbol{\theta}). \tag{8.1}$$

確率分布関数と尤度関数は同じ形をしているが，意味合いは全く異なることに注意する必要がある．確率分布関数はある与えられたパラメータに

対してデータを変数にとる関数であり，それぞれの可能な状態に対して確率を与える．その一方で，尤度関数はある与えられたデータに対してパラメータを変数にとる関数であり，それぞれのパラメータの値に対して尤(もっと)もらしさを与える．

最尤法ではパラメータの推定値 $\hat{\boldsymbol{\theta}}$（最尤推定値）は尤度関数を最大にするように決められる：

$$\hat{\boldsymbol{\theta}} = \arg\max_{\boldsymbol{\theta}} L(\boldsymbol{\theta}|\boldsymbol{t}_n). \tag{8.2}$$

ただし，実際上は尤度関数そのものではなく，それの対数をとった対数尤度関数 $\log L(\boldsymbol{\theta}|\boldsymbol{t}_n)$ に関する最大化を行うことがほとんどである．対数関数は単調増加関数なので，最大値を与える $\boldsymbol{\theta}$ は尤度関数でも対数尤度関数でも同じである．対数尤度関数は最尤推定値 $\hat{\boldsymbol{\theta}}$ で極大値をとるので，

$$\nabla \log L(\hat{\boldsymbol{\theta}}|\boldsymbol{t}_n) = 0 \tag{8.3}$$

の尤度方程式を満たし，これを解くことで最尤推定値を求めることができる．ここで，$\nabla \log L(\boldsymbol{\theta}|\boldsymbol{t}_n)$ は対数尤度関数の勾配ベクトル

$$\nabla \log L(\boldsymbol{\theta}|\boldsymbol{t}_n) = \left[\frac{\partial}{\partial \theta_1} \log L(\boldsymbol{\theta}|\boldsymbol{t}_n), \ldots, \frac{\partial}{\partial \theta_m} \log L(\boldsymbol{\theta}|\boldsymbol{t}_n)\right]^T \tag{8.4}$$

である．

統計推定において，データから得られるパラメータの推定値には必ず誤差がつきまとう．データ解析から正確な結論を導くためには，推定にどの程度の誤差が生じているかを評価することが非常に重要である．ここで，データ $\boldsymbol{t}_n$ がある点過程 $p_{[0,T]}(\boldsymbol{t}_n|\boldsymbol{\theta}^*)$ に従っているとしよう．このデータ $\boldsymbol{t}_n$ から得られるパラメータの最尤推定値 $\hat{\boldsymbol{\theta}}(\boldsymbol{t}_n)$ は真の値 $\boldsymbol{\theta}^*$ の周辺にある広がりをもって分布する．ここでパラメータ θ_i の標準誤差 ϵ_i を

$$\epsilon_i = E\left[\left(\hat{\theta}_i(\boldsymbol{t}_n) - \theta_i^*\right)^2\right]^{1/2} \quad (i = 1, 2, \ldots, m) \tag{8.5}$$

で定義する．この標準誤差は推定されたパラメータが真の値と平均的にどの程度ずれるのかを表す量である．通常は，真の値 $\boldsymbol{\theta}^*$ は与えられてい

ないので，この標準誤差を直接求めることはできないが，データから推定することができる．詳細は省くが，ここで行列 $J \in \mathbb{R}^{m \times m}$ を最尤推定値における対数尤度関数のヘッセ行列 $\nabla^2 \log L(\hat{\boldsymbol{\theta}}|\boldsymbol{t}_n)$ に -1 をかけたもの，つまり (i,j) 成分が

$$J_{ij} = -\frac{\partial^2}{\partial \theta_i \partial \theta_j} \log L(\boldsymbol{\theta}|\boldsymbol{t}_n) \bigg|_{\boldsymbol{\theta}=\hat{\boldsymbol{\theta}}(\boldsymbol{t}_n)} \tag{8.6}$$

で与えられるとする．このとき，標準誤差の推定値 $\hat{\epsilon}_i$ は

$$\hat{\epsilon}_i = \sqrt{[J^{-1}]_{ii}} \tag{8.7}$$

で与えられる．1次元のパラメータ θ の場合には，標準誤差の推定値は

$$\hat{\epsilon} = \left[-\frac{d^2}{d\theta^2} \log L(\theta|\boldsymbol{t}_n) \bigg|_{\theta=\hat{\theta}(\boldsymbol{t}_n)} \right]^{-1/2} \tag{8.8}$$

である．

以上のことを改めてまとめると以下のようになる．

> **定義 8.1** ある点過程のモデルの尤度関数が $L(\boldsymbol{\theta}|\boldsymbol{t}_n)$ で与えられるとき，あるデータ $\boldsymbol{t}_n$ からのパラメータ $\boldsymbol{\theta}$ の最尤推定値 $\hat{\boldsymbol{\theta}}$ は，
>
> $$\hat{\boldsymbol{\theta}} = \arg\max_{\boldsymbol{\theta}} \log L(\boldsymbol{\theta}|\boldsymbol{t}_n) \tag{8.9}$$
>
> で定義され，それぞれのパラメータの標準誤差は式 (8.7) で与えられる．

【例 8.1】 定常ポアソン過程

観察期間 $[0,T]$ においてイベントのデータ $\boldsymbol{t}_n$ が与えられており，これが定常ポアソン過程に従っていると仮定する．このとき，定常ポアソン過程の強度 λ の最尤推定値 $\hat{\lambda}$ を求めよう．定常ポアソン過程の対数尤度関数は定理 2.2 より

$$\log L(\lambda|\boldsymbol{t}_n) = n \log \lambda - \lambda T \tag{8.10}$$

である．これを λ で微分し，それを 0 とおくことで，

$$\hat{\lambda} = \frac{n}{T} \tag{8.11}$$

と最尤推定値を得ることができる．つまり定常ポアソン過程の最尤推定値はそれぞれのイベントの発生時刻には依存せず，イベントの平均発生率で与えられる．また標準誤差は

$$\epsilon = \frac{\hat{\lambda}}{\sqrt{n}} = \frac{\sqrt{n}}{T} \tag{8.12}$$

である． □

【例 8.2】 非定常ポアソン過程

観察期間 $[0, \infty]$ においてイベントのデータ $\boldsymbol{t}_n$ が与えられており，これが非定常ポアソン過程に従っていると仮定する．ここで強度関数は

$$\lambda(t) = ab \exp(-bt) \tag{8.13}$$

の指数関数で与えられるとし，パラメータの最尤推定値 $\hat{a}, \hat{b}$ を求めよう．非定常ポアソン過程の対数尤度関数は定理 2.8 より

$$\log L(a, b|\boldsymbol{t}_n) = \sum_{i=1}^{n} (\log a + \log b - bt_i) - a \tag{8.14}$$

である．これを a, b でそれぞれ微分し，それを 0 とおくことで，

$$\hat{a} = n \tag{8.15}$$

$$\hat{b} = \frac{n}{\sum_{i=1}^{n} t_i} \tag{8.16}$$

と最尤推定値が得られる． □

【例 8.3】 非定常ポアソン過程

観察期間 $[0, T]$ においてイベントのデータ $\boldsymbol{t}_n$ が与えられており，これが非定常ポアソン過程に従っていると仮定する．ここで強度関数はある関

数 $\lambda_0(t)$ を用いて $\lambda(t) = K\lambda_0(t)$ で与えられるとし，パラメータ K の最尤推定値 $\hat{K}$ を求めよう．非定常ポアソン過程の対数尤度関数は定理 2.8 より

$$\log L(K|\boldsymbol{t}_n) = \sum_{i=1}^{n} \log\left[K\lambda_0(t_i)\right] - \int_0^T K\lambda_0(t)dt \tag{8.17}$$

である．これを K で微分し，それを 0 とおくことで，

$$\hat{K} = \frac{n}{\int_0^T \lambda_0(t)dt} \tag{8.18}$$

と最尤推定値を得ることができる．このことは，最尤推定値を用いた場合には，

$$\int_0^T \lambda(t)dt = n \tag{8.19}$$

となることを表している．例 8.2 でもこれが満たされている．$\int_0^T \lambda(t)dt$ は観察期間でのイベント数の期待値であり，このタイプのモデルに対して最尤推定値は観察期間でのイベント数の観測値と期待値を一致させていることを意味している．また，この性質は，条件付き強度関数が $\lambda(t|H_t) = K\lambda_0(t|H_t)$ と表されるような一般の点過程でも同様に成り立つ．この関係式は，数値計算によって最尤推定値を求めた際に，それが正しいかをチェックするのに有用である． □

8.1.2 数値計算を用いた最尤推定

　残念ながら，多くの場合には最尤推定値を解析的に求めることはできない．そのような場合には，数値的な方法で最尤推定値を求めなくてはならない．数値解法のいくつかを付録 8.A で解説しているが，以下の例では準ニュートン法を用いる．数値的に最尤推定値を求める際には，初期値を適当に決め，そこから少しずつ変数を更新しながら，解を探索する．準ニュートン法では，各ステップで対数尤度関数の勾配を計算する必要があり，それぞれのモデルの対数尤度関数の勾配は付録 8.B にまとめてある．

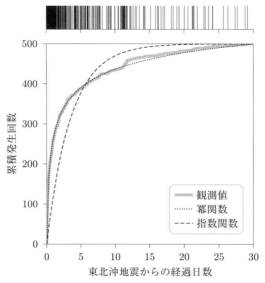

図 8.1 東北沖地震の余震発生データの非定常ポアソン過程を用いたモデリング．ここでは，強度関数として指数関数と冪関数を用いた．上のパネルはそれぞれの余震 ($M \geq 5.0$) の発生時刻を示しており，下のパネルは余震の累積発生数とそれぞれのモデルからの累積発生数の期待値を示している．最尤推定値は，強度関数が冪関数の場合 $k = 95.4 \pm 8.7$, $p = 1.17 \pm 0.05$, $c = 0.11 \pm 0.03$ であり，指数関数の場合 $a = 501.1 \pm 22.4$, $b = 0.28 \pm 0.01$ である（± の後の数値は標準誤差である）．最尤推定値での対数尤度は冪関数の場合は 1688.2, 指数関数の場合は 1477.2 である．

【例 8.4】 非定常ポアソン過程

観察期間 $[0, T]$ のイベント t_n が非定常ポアソン過程に従っているとし，強度関数 $\lambda(t)$ のモデルとして指数関数 $ab\exp(-bt)$ と冪関数 $k/(t+c)^p$ を考えよう．これらのモデルのパラメータの最尤推定値は解析的には求まらないため，数値的な方法を用いる必要がある．これらのモデルの対数尤度関数とその勾配は付録 8.B にまとめてあり，それらを用いて準ニュートン法により最尤推定値を求めることができる．

図 8.1 は，2011 年の東北沖地震の後の 1 ヶ月間の余震の観測データに対して，この非定常ポアソン過程を適用し，準ニュートン法で冪関数と指

数関数の強度関数のパラメータ推定を行った例である[1]．この例では指数関数のモデルは明らかにデータから外れており，冪関数のモデルの方が観測データとよく整合していることがわかる． □

【例 8.5】 定常更新過程

観察期間 $[0, T]$ に観測される地震発生時刻 $\boldsymbol{t}_n$ が定常更新過程に従っているとし，イベント間間隔の従う分布として確率密度関数

$$f(\tau) = \sqrt{\frac{\xi}{2\pi\tau^3}} \exp\left[-\frac{\xi(\tau-\mu)^2}{2\mu^2\tau}\right] \quad (\tau \geq 0) \tag{8.20}$$

と累積分布関数 F をもつ逆ガウス分布を仮定する．この分布のパラメータ μ, ξ が未知のとき，観測されたイベント間間隔 $\tau_i = t_i - t_{i-1}$ ($i = 2, \ldots, n$) のみ利用した尤度

$$L(\mu, \xi | \tau_2, \ldots, \tau_n) = \prod_{i=2}^{n} f(\tau_i) \tag{8.21}$$

による最尤推定量は

$$\hat{\mu} = \frac{1}{n-1} \sum_{i=2}^{n} \tau_i = \frac{t_n - t_1}{n-1} \tag{8.22}$$

$$\hat{\xi} = \left\{\frac{1}{n-1} \sum_{i=2}^{n} \left(\frac{1}{\tau_i} - \frac{1}{\hat{\mu}}\right)\right\}^{-1} \tag{8.23}$$

と解析的に求まる．一方，式 (8.21) の尤度では使われていない観察期間の端，すなわち，観測開始時刻 0 から最初のイベント発生時刻 t_1 までの間隔および最後のイベント発生時刻 t_n から観測終了時刻 T までの間隔も利用した尤度

$$L(\mu, \xi | \boldsymbol{t}_n) = \frac{1 - F(t_1)}{\mu} \prod_{k=2}^{n} f(t_k - t_{k-1}) \{1 - F(T - t_n)\} \tag{8.24}$$

---

[1] 気象庁一元化震源カタログ (http://www.data.jma.go.jp/svd/eqev/data/bulletin/hypo.html) を用いた．

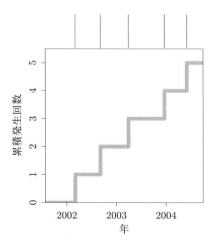

図 8.2 米国サンアンドレアス断層の同一震源における繰り返し微小地震の発生時刻 (2001 年 7 月 26 日〜2004 年 9 月 27 日). イベント間間隔のみ利用した尤度 (8.21) による最尤推定値は $\mu = 0.561 \pm 0.050$, $\xi = 17.9 \pm 12.7$ であり, 観察期間の端も利用した尤度 (8.24) による最尤推定値は $\mu = 0.584 \pm 0.051$, $\xi = 16.7 \pm 11.7$ である.

による最尤推定量は, 解析的には求まらず数値的な方法を用いる必要がある. しかしながら, 式 (8.22), (8.23) の推定量よりも推定精度を改善することができる. 特に, 観測されたイベント数が少ないとき, これらの観察期間の端が推定値に与える影響は無視できない場合がある.

図 8.2 は, 米国カリフォルニア州のサンアンドレアス断層にある同じ震源から繰り返し観測された微小地震 [21] の発生時刻を示している. 2001 年 7 月 26 日から 2004 年 9 月 27 日までの期間に 5 回の地震が発生しており, この 5 回の地震から得られる 4 つのイベント間間隔のみ利用した尤度 (8.21) による最尤推定値と, 観察期間の端も利用した尤度 (8.24) による最尤推定値で異なる値をとっている. 特に, 観測開始から最初のイベントまでの間隔 0.606 年がイベント間隔の平均 0.561 年よりも長いため, 平均 μ の最尤推定値は観察期間の端を尤度に利用することでより大きくなったといえる. □

【例 8.6】 非定常更新過程

図 8.3 は, 図 8.2 と同じ震源にて 2004 年 9 月 28 日から 2010 年 4 月 10

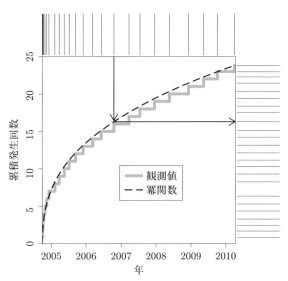

図 8.3 米国サンアンドレアス断層の同一震源における繰り返し微小地震の発生時刻（2004 年 9 月 28 日〜2010 年 4 月 10 日）．平均強度関数を冪関数とし，時間変換後のイベント間間隔が逆ガウス分布に従う非定常更新過程を当てはめ，最尤推定値 $k = 4.84 \pm 0.21$, $p = 0.632 \pm 0.024$, $c = 0.000527 \pm 0.000649$, $\xi = 24.8 \pm 7.4$ を得た．上側には実時間におけるイベント発生時刻，右側には推定した強度関数の積分（破線）による時間変換後のイベント発生時刻を示している．

日までの期間に繰り返し観測された 24 回の微小地震 [21] の発生時刻を示している．2004 年 9 月 28 日（時刻 t_{M6} とおく）に震源付近にてマグニチュード M6 の大きい地震があり，その直後から地震が集中的に発生している．そのためイベント間間隔は不均等となっているが，これに冪関数 $k/(t - t_{\mathrm{M6}} + c)^p$ を平均強度関数とする非定常更新過程を当てはめ，最尤法で推定した強度関数の積分 $t' = \Lambda(t) = \int_{t_{\mathrm{M6}}}^{t} \lambda(s) ds$ による時間変換を施すと，図 8.3 の右側の横棒で示すように時間変換後のイベント間間隔はよく揃っていることがわかる．なお，時間変換後のイベント間間隔には逆ガウス分布を当てはめ，強度関数の比例定数 k との識別性の観点から平均は $\mu = 1$ で固定し，ξ は最尤法により推定している． □

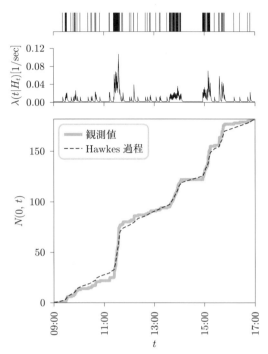

図 8.4 ある金融商品に関してある1日の中で行われた取引のデータに指数関数のカーネルをもつ Hawkes 過程を適用した例．上のパネルはそれぞれの取引が行われた時刻をプロットしたものであり，中央のパネルはこのデータから推定された Hawkes 過程の条件付き強度関数を示しており，下のパネルは取引の累積発生数と Hawkes 過程からの累積発生数の期待値 $\int_0^t \lambda(s|H_s)ds$ を示している．最尤推定値はそれぞれ $\mu = 0.0017 \pm 0.0003$ [1/sec], $a = 0.73 \pm 0.07$, $b = 0.014 \pm 0.003$ であり，対数尤度は -972.7 である．

【例 8.7】 Hawkes 過程

観察期間 $[0, T]$ のイベント t_n が Hawkes 過程に従っているとし，カーネル関数は指数関数 $g(\tau) = ab\exp(-b\tau)$ で与えられるとする．このモデルの対数尤度関数とその勾配は付録 8.B にまとめてあり，それらを用いて準ニュートン法によりパラメータの最尤推定値を求めることができる．

図 8.4 はある金融商品の取引が行われた時刻のデータ[2]に対して，上述の Hawkes 過程を適用し，パラメータの最尤推定値を準ニュートン法で

---

[2] Bitcoincharts (https://bitcoincharts.com/) のデータを使用した．

求めたものである．取引はしばしば短期間の間に集中して行われているが，推定されたモデルはそのような振る舞いを再現していることがわかる．なお，一連のデータ解析の例を紹介するために，次項以降でもここで扱った金融取引のデータを用いる． □

8.1.3 赤池情報量規準によるモデル選択

これまではデータに対して与えられたモデルのパラメータを推定する方法について解説してきた．その一方で，実際上はデータを再現しうるモデルの候補がいくつかあり，その中から最適なモデルを決めたいというような状況がしばしば起こる．最尤法では尤度をモデルの妥当性の指標と見なしているので，それぞれのモデルの最尤推定値を求め，そのときの尤度をモデル間で比較するような方法は一見自然である．しかしながら，パラメータ数の異なるモデル同士を比較する際には，この方法は妥当ではない．推定するパラメータの数が増えるにつれてモデルがデータに過剰に適合してしまう**オーバーフィッティング**という現象が起きてしまうからである．その結果として，多くのパラメータをもつモデルをデータから最尤法で推定すると，推定されたモデルはデータを生成した過程とは大きく異なるにもかかわらず，尤度の値は大きな値をとってしまうようなことが起こる．そのため，パラメータ数が違うモデル間で尤度を比較しても，良いモデルを選ぶことはできないのである．

このような問題に対して，パラメータ数が異なるモデルを比較する指標として**赤池情報量規準**（Akaike Information Criterion：以下では AIC と呼ぶ）がある．

定義 8.2

AIC は対数尤度関数 $\log L(\boldsymbol{\theta}|\boldsymbol{t}_n)$，最尤推定値 $\hat{\boldsymbol{\theta}}$，パラメータ数 M を用いて，

$$AIC = -2\log L(\hat{\boldsymbol{\theta}}|\boldsymbol{t}_n) + 2M \tag{8.25}$$

で定義される．

AICを用いた比較の際には，AICがより小さい値をとるものがより良いモデルと解釈される．ここで $-AIC/2$ は最尤推定値での対数尤度からパラメータ数を引いたものになっており，パラメータ数が多くなればなるほど，その分多くのペナルティが対数尤度に課されると解釈することができる．

【例 8.8】 一般化線形回帰モデルによる非定常ポアソン過程の強度関数の推定

ここでは，AICによるモデル選択をわかりやすく解説するために，シミュレーションで得られたデータを用いる．ある観察期間 $[0,T]$ のイベント t_n を非定常ポアソン過程を用いてモデル化することを考えよう．ここでは強度関数 $\lambda(t)$ のモデルとして一般化線形回帰モデル

$$\lambda(t) = \exp\left[\sum_{i=1}^{m} a_i h_i(t)\right] \tag{8.26}$$

を用いる．$h_i(t)$ は基底関数と呼ばれるあらかじめ決められた関数，a_i は推定されるパラメータ，m は基底関数の数であり，ここではパラメータの数にも対応する．基底関数の線形重ね合わせに指数関数を適用したものを強度関数のモデルとして用いているのは，強度関数が負の値をとらないようにするためである．基底関数に用いる関数としては，色々な可能性が考えられるが，ここではコサイン型の隆起関数

$$\tilde{h}(x) = \begin{cases} \dfrac{\cos(\pi x/2)+1}{4} & (-2 \leq x \leq 2) \\ 0 & (その他) \end{cases} \tag{8.27}$$

を用いて，それぞれの基底関数 $h_j(t)$ を

$$h_j(t) = \tilde{h}\left(\frac{t-(j-2)d}{d}\right) \quad (j=1,2,\ldots,m) \tag{8.28}$$

と定義する（図 8.5）．ただし，$d = T/(m-3)$ である．このモデルは必要に応じて基底関数の数を増やすことで，幅広いクラスの曲線を表現することができるため，強度関数をデータから柔軟に推定することができる．

8.1 最尤法

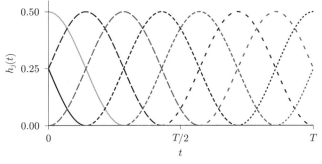

図 8.5 基底関数 ($m = 10$)

このモデルの対数尤度関数およびその勾配は，$\boldsymbol{a} = (a_1, a_2, \ldots, a_m)^T$ とすると，

$$\log L(\boldsymbol{a}|\boldsymbol{t}_n) = \sum_{i=1}^{n}\sum_{j=1}^{m} a_j h_j(t_i) - \int_0^T \exp\left[\sum_{j=1}^{m} a_j h_j(t)\right] dt \quad (8.29)$$

$$\frac{\partial}{\partial a_j} \log L(\boldsymbol{a}|\boldsymbol{t}_n) = \sum_{i=1}^{n} h_j(t_i) - \int_0^T h_j(t) \exp\left[\sum_{j=1}^{m} a_j h_j(t)\right] dt$$

$$(j = 1, 2, \ldots, m) \quad (8.30)$$

で与えられる．上の対数尤度関数およびその勾配の計算に出てくる積分の項は解析的に計算することができないので，数値積分を用いて計算を行うものとする．つまり，十分大きな整数 q に対して $w = T/q$ とし，観察期間 $[0, T]$ での区間上での関数 $\eta(t)$ の積分を

$$\int_0^T \eta(t) dt \approx \frac{w}{2} \sum_{i=1}^{q} \left[\eta((i-1)w) + \eta(iw)\right], \quad (8.31)$$

または，より精度の高い近似

$$\int_0^T \eta(t) dt \approx \frac{w}{6} \sum_{i=1}^{q} \left[\eta((i-1)w) + 4\eta((i-1/2)w) + \eta(iw)\right] \quad (8.32)$$

によって数値的に計算する．ここで得られた対数尤度関数とその勾配を用いて，準ニュートン法によりパラメータの最尤推定値を得ることができる．

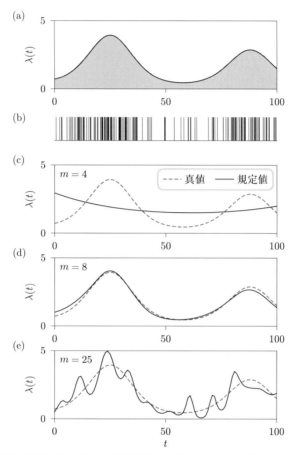

図 8.6 一般化線形モデルを用いた強度関数の推定. (a) は非定常ポアソン過程の強度関数を表しており, (b) のイベントはこの過程から生成されたものである. (c)-(e) は (b) のデータに対して, 基底関数 m の数を変えながら, パラメータを最尤法で推定した結果である. (d) のパネルは AIC で選ばれた最適なパラメータの数のもとでの推定結果である.

ここでは, 図 8.6(a) の強度関数をもつ非定常ポアソン過程から生成したイベント (図 8.6(b)) に対して, 上述の一般化線形モデル (8.26) を適用する. そして, 推定結果がパラメータの数 m にどのように依存するかを調べていく. パラメータが少なすぎるときには, モデルは強度関数の時間変動を適切に捉えることができない (図 8.6(c)). 逆に, パラメータ

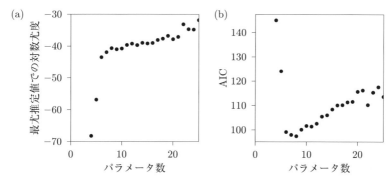

図 8.7 基底関数の数（パラメータの数）を変えながら，最尤推定値での対数尤度 (a) と AIC (b) をプロットした．

の数が多すぎるときには，モデルはデータのノイズに過剰に反応してしまい，本来はないはずの振動を示してしまう（図 8.6(e)）．よく図を見てみると，モデルが偶然起こったイベントの疎密に反応してしまっていることがわかる．このようにパラメータの数が多すぎるときには，適切な推定が得られないにもかかわらず，モデルの対数尤度はパラメータの数とともに増えてしまうので（図 8.7(a)），モデルの対数尤度に基づいてパラメータの数を選択することはできないのである．AIC はモデルの対数尤度と複雑性（パラメータの数）の両方を考慮に入れた上で，モデルの良さを評価する指標である．実際に AIC が最も小さくなるパラメータの数をもつモデルでは，推定値が真の値とよく一致している（図 8.6(d)，図 8.7(b)）． □

【例 8.9】　Hawkes 過程のカーネル関数の選択

Hawkes 過程をデータに適用する際には，カーネル関数 $g(\tau)$ の関数形を決めなくてはならない．ここでは，指数関数 $ab\exp(-b\tau)$，複数の指数関数の重ね合わせ $\sum_{i=1}^{M} a_i b_i \exp(-b_i \tau)$，冪関数 $K/(\tau+c)^p$ を考える．

例 8.7 では，金融取引のデータに対して指数関数のカーネル関数をもつ Hawkes 過程を当てはめた．ここでは，様々なタイプのカーネル関数を用い，どのカーネル関数が最もデータに適合するかを AIC を用いて決めよう．表 8.1 は，それぞれのカーネル関数に対して Hawkes 過程のパラメー

表 8.1　推定結果

$g(\tau)$	全パラメータ数	$\log(L(\hat{\theta}))$	AIC
$ab\exp(-b\tau)$	3	-972.7	1951.3
$\sum_{i=1}^{2} a_i b_i \exp(-b_i\tau)$	5	-958.1	1926.2
$\sum_{i=1}^{3} a_i b_i \exp(-b_i\tau)$	7	-958.1	1930.2
$K/(\tau+c)^p$	4	-969.2	1946.3

タの最尤推定値を準ニュートン法で決め（対数尤度関数やその勾配の数値計算法については付録 8.B を参照のこと），そのときの AIC を調べたものである．これから，カーネル関数として二つの指数関数を重ね合わせた関数を用いたときに，AIC が最も小さな値をとるため，これが表 8.1 の中では最適なモデルであることがわかる．　　　　　　　　　　□

8.2　診断解析

これまでは，データからモデルの推定（パラメータの推定やモデルの選択）を行うための方法について解説してきた．その一方で，ここで最終的に得られたモデルは与えられたものの中から，何らかの基準で相対的に最も良いものを選んだにすぎない．そのため，そのモデルがデータの特徴を本当に再現しているかということに関しては別途確認する必要がある．もしモデルがデータをうまく再現するならば，そのモデルを用いてさらなる解析を行うことができるが，そうでなければモデル自体を改良する必要がある．

本節ではモデルとデータを比較するための方法について解説する [4, 15]．ここでは，観察期間 $[0, T]$ に発生したイベント $\{t_1, t_2, \ldots, t_n\}$ と，条件付き強度関数が $\lambda^*(t|H_t)$ で与えられる点過程のモデルの比較を行う．このために，点過程の時間変換定理（定理 3.3），つまり一般の点過程は適切な時間変換により定常ポアソン過程に変換できるという性質を用いる．この性質から，もしこのモデルが正しければ，つまりイベントがこの強度関数 $\lambda^*(t|H_t)$ から発生したならば，定理 3.3 より時間変換 $t' =$

8.2 診断解析

$\Lambda_H^*(t) = \int_0^t \lambda^*(s|H_s)ds$ により得られるイベント $\{\Lambda_H^*(t_1), \Lambda_H^*(t_2), \ldots, \Lambda_H^*(t_n)\}$ は，観察期間 $[0, \Lambda_H^*(T)]$ で強度1の定常ポアソン過程に従っているはずである．よって，実際にこれが成り立っているかどうかを調べることでモデルの妥当性が評価できるのである．

あるイベントが定常ポアソン過程に従っているかを調べる方法は色々考えられる．ここでは，二つの方法を紹介するが，いずれもあるデータが一様分布に従っているかの検定に帰着されるので，まずはこれについて説明する．このための方法として，ここでは**コルモゴロフ・スミルノフ検定**（Kolmogorov-Smirnov test：以下ではKS検定と呼ぶ）を用いる．KS検定はデータが，ある与えられた確率分布に従っているかを検定するための方法である．ここではデータ $\{x_1, x_2, \ldots, x_n\}$ が区間 $[0, L]$ 上で一様分布に従っているかどうかを調べることを想定する．ここで，データの経験分布を $F(x) = N(0, x)/n$ とし，理論分布を $F^*(x) = x/L$ とする．KS検定では各 x $(0 < x < L)$ に対して経験分布と理論分布を比較し，差の絶対値の最大値を検定統計量 D とする：

$$D = \arg\max_x |F(x) - F^*(x)|. \tag{8.33}$$

ある有意水準 α に対して検定統計量 D が棄却限界値 K_α より小さければ（図8.8左のように灰色の領域に経験分布関数が収まっていれば），帰無仮

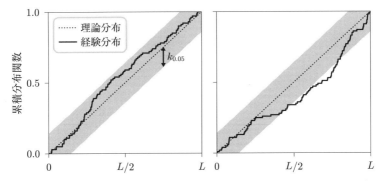

図8.8 コルモゴロフ・スミルノフ検定の例（5%有意水準）．左のパネルのように経験分布が灰色の領域に収まっていれば帰無仮説は棄却されない．右のパネルのように経験分布が灰色の領域に収まっていなければ帰無仮説は棄却される．

説は棄却されない．つまりデータは一様分布に従っていることが期待される．反対に，検定統計量が棄却限界値より大きければ（図8.8右のように灰色の領域に経験分布関数が収まっていなければ），帰無仮説は棄却される．つまりデータは一様分布に従っていないことが期待される．棄却限界値 K_α はデータ数 n が大きい場合には，$\alpha = 0.05$ では $K_\alpha = 1.36/\sqrt{n}$ であり，$\alpha = 0.01$ では $K_\alpha = 1.63/\sqrt{n}$ である．データが一様分布に従っているかを調べる方法は例えば**アンダーソン・ダーリング検定** (Anderson-Darling test) など他にもあるため，これ以外の方法を用いることも可能である．

さて，時間変換されたイベント $\{\Lambda_H^*(t_1), \Lambda_H^*(t_2), \ldots, \Lambda_H^*(t_n)\}$ が観察期間 $[0, \Lambda_H^*(T)]$ で定常ポアソン分布に従うかを，上で説明した一様分布の検定を用いて調べる方法について説明する．このために，定常ポアソン過程ではイベント数が与えられているときには，イベントは観察期間に一様に分布するという性質（定理 2.5）を利用することができる．つまり，一つ目の方法（アルゴリズム 8.3 ステップ 2.a）は時間変換されたイベントが観察期間で一様分布に従っているかを，上で説明した KS 検定を用いて調べるというものである．また，強度 1 の定常ポアソン過程ではイベント間間隔が期待値 1 の指数分布に従っているという性質（定理 2.7）および，期待値 1 の指数分布に従う変数 x に対して新たな変数 $\exp(-x)$ が区間 $[0, 1]$ 上の一様分布に従うという性質を利用することもできる．つまり，二つ目の方法（アルゴリズム 8.3 ステップ 2.b）は，時間変換後のイベント間間隔を $\tau_i' = \Lambda^*(t_{i+1}) - \Lambda^*(t_i)$ として，$\{\exp(-\tau_i') \mid i = 1, 2, \ldots, n-1\}$ が $[0, 1]$ 上の一様分布に従うかを KS 検定で調べるものである．よってデータとモデルを比較する方法は次のようにまとめられる．

アルゴリズム 8.3 観察期間 $[0, T]$ に発生したイベント $\{t_1, t_2, \ldots, t_n\}$ が条件付き強度関数 $\lambda^*(t|H_t)$ に従っているかを調べる方法

1: 変換 $\Lambda_H^*(t) = \int_0^t \lambda(s|H_s) ds$ を用いて，時間変換されたイベント $\{\Lambda_H^*(t_1), \Lambda_H^*(t_2), \ldots, \Lambda_H^*(t_n)\}$ を求める．

8.2 診断解析

2: 以下のいずれかを行う.

2.a: $\{\Lambda_H^*(t_1), \Lambda_H^*(t_2), \ldots, \Lambda_H^*(t_n)\}$ が観察期間 $[0, \Lambda^*(T)]$ 上の一様分布に従っているかを検定する.

2.b: $\tau_i' = \Lambda^*(t_{i+1}) - \Lambda^*(t_i)$ として, $\{\exp(-\tau_i') \mid i = 1, 2, \ldots, n-1\}$ が $[0, 1]$ 上の一様分布に従っているかを検定する.

二つの方法はそれぞれデータの異なる側面に着目している. ステップ 2.a は, 時間変換されたイベントが観察期間で一様に分布しているかどうかということを見ている. そのため, 例えば時間変換されたイベントが等間隔に並んでおり, 定常ポアソン過程とは見なせないような場合でも, 検定をパスしてしまう可能性がある. またステップ 2.b では, イベント間間隔の分布がモデルと整合的であるかどうかを見ている. そのため, 検定をパスする場合でも, 時間変換されたイベントが観察期間で一様に分布しているとは限らない. このようにデータがモデルに従っているかどうかを一つの方法だけで調べることはできないため, いくつかの方法を用いてチェックを行うことが重要である[3].

【例 8.10】 Hawkes 過程

例 8.9 では, 金融取引のデータを用いて Hawkes 過程のカーネル関数の選択を行った. 図 8.9 は金融取引のデータと AIC により選択された Hawkes 過程との比較を行ったものである. この場合には, 両方の方法で推定されたモデルがデータをよく再現するということを示している. このようにして, 得られたモデルとデータが整合的であるかということを調べることができる. □

---

[3] 時間変換されたイベントが定常ポアソン過程に従うかを調べる方法としては, ここで述べた方法以外にも, 時間変換されたイベントのイベント間間隔が互いに独立かを調べる方法もある. これをチェックするためには, $[\exp(-\tau_i'), \exp(-\tau_{i+1}')]$ が $[0, 1] \times [0, 1]$ 上で一様に分布することを確かめればよい.

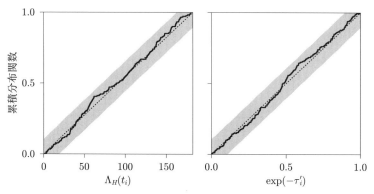

図 8.9 図 8.4 で用いた金融取引データと Hawkes 過程との比較. 左はアルゴリズム 8.3 のステップ 2.a を,右はステップ 2.b を適用した結果である. 有意水準は 5% である.

付録 8.A 数値最適化の手法

ここでは,$\boldsymbol{\theta} = (\theta_1, \theta_2, \ldots, \theta_m)^T$ を変数とする関数 $f(\boldsymbol{\theta})$ を最大にする解 $\hat{\boldsymbol{\theta}}$ を数値的に探索する方法について解説する. 簡単のため,関数 f は極大値を一つだけもつとする[4]. いずれの方法でも,初期値を適当に決め,変数を関数が増加する方向へ少しずつ動かすことで,解の探索を行っており,アルゴリズムは次のようにまとめられる.

アルゴリズム 8.4 最尤法の数値解法

1: 初期値 $\boldsymbol{\theta}^0$ を決める. $i \leftarrow 0$ とする.
2: 以下を繰り返す.
    2.1: 次に進む方向 $\boldsymbol{d}^i$ とステップ幅 δ^i を決め,次の点 $\boldsymbol{\theta}^{i+1} = \boldsymbol{\theta}^i + \delta^i \boldsymbol{d}^i$ に進む. $i \leftarrow i+1$ にする.
    2.2: $f(\boldsymbol{\theta}^i)$ の勾配ベクトルの絶対値 $|\nabla f(\boldsymbol{\theta}^i)|$ が,ある決められた小さな値 ϵ より小さくなればステップ 3 に進み,そうでなければス

---

[4] 関数が極大値をいくつかもつような場合には,異なる初期値から解を求めて,その中から関数の値が最も大きな解を選ぶというようなことが必要になる.

8.A 数値最適化の手法

テップ 2.1 に戻る.
3: $\boldsymbol{\theta}^i$ を返す.

ステップ 2.1 のステップ幅 δ^i は,

$$\delta^i = \arg\max_{\delta} f(\boldsymbol{\theta}^i + \delta \boldsymbol{d}^i) \tag{8.34}$$

を満たすように決めることが,理論上は望ましい.

以下ではそれぞれの方法を解説するが,それぞれの方法ではステップ 2.1 において各点で次に進む方向 $\boldsymbol{d}^i$ を決める方法が異なっている.

●勾配法

勾配法は各点で勾配ベクトルの方向に進む方法である:

$$\boldsymbol{d}^i = \nabla f(\boldsymbol{\theta}^i). \tag{8.35}$$

勾配ベクトルはその点で関数が最も増加する方向を表しており,その方向に少し移動させることで関数を増加させることができる.この方法は大域的収束性,つまり任意の初期値から何らかの解に収束することが保証されている.その一方で,次の二つの方法に比べると,解に収束するまでにとても時間がかかることが知られている. □

●ニュートン法

ニュートン法は関数を各点の周りで2次関数に近似することに基づく方法である.関数 $f(\boldsymbol{\theta})$ を $\boldsymbol{\theta}^i$ の周りで2次の項まで展開すると,

$$f(\boldsymbol{\theta}) \approx f(\boldsymbol{\theta}^i) + \nabla f(\boldsymbol{\theta}^i)^T(\boldsymbol{\theta} - \boldsymbol{\theta}^i) + \frac{1}{2}(\boldsymbol{\theta} - \boldsymbol{\theta}^i)^T \nabla^2 f(\boldsymbol{\theta}^i)(\boldsymbol{\theta} - \boldsymbol{\theta}^i) \tag{8.36}$$

となる.この2次関数は

$$\boldsymbol{\theta} = \boldsymbol{\theta}^i - \nabla^2 f(\boldsymbol{\theta}^i)^{-1} \nabla f(\boldsymbol{\theta}^i) \tag{8.37}$$

で最大値をとるので，この点を次の点 $\boldsymbol{\theta}^{i+1}$ とすることで効率的な解の探索が期待できる：

$$d^i = -\nabla^2 f(\boldsymbol{\theta}^i)^{-1} \nabla f(\boldsymbol{\theta}^i). \tag{8.38}$$

この方法は，初期値が解に十分近ければ，高速に解に収束することが知られている．その一方で，各点で $-\nabla^2 f(\boldsymbol{\theta}^i)$ が正定値行列でなければならないといった制約がある．また各点でヘッセ行列 $\nabla^2 f(\boldsymbol{\theta}^i)$ を評価しなければならないということも手間になりうる． □

●準ニュートン法

準ニュートン法は大域的収束性と解への収束の速さの両方を併せもつ方法である．準ニュートン法の基本的な考え方はニュートン法と類似しているが，各点でヘッセ行列を直接求めるのではなく，ヘッセ行列を推定するというアプローチをとる．詳細に関しての説明は省くが，アルゴリズムは以下のようにまとめられる[5]．ここでは H^i を $\boldsymbol{\theta} = \boldsymbol{\theta}^i$ での $-\nabla^2 f(\boldsymbol{\theta}^i)^{-1}$ の推定値であるとし，H^0 は単位行列であるとする．

まず，各点での進む方向は

$$d^i = H^i \nabla f(\boldsymbol{\theta}^i). \tag{8.39}$$

で与えられる．準ニュートン法では，次の点を $\boldsymbol{\theta}^{i+1} = \boldsymbol{\theta}^i + \delta^i d^i$ で決めるだけでなく，その点での H^{i+1} も求める必要がある．$\Delta\boldsymbol{\theta}^i = \boldsymbol{\theta}^{i+1} - \boldsymbol{\theta}^i$, $\boldsymbol{y}^i = \nabla f(\boldsymbol{\theta}^{i+1}) - \nabla f(\boldsymbol{\theta}^i)$, $\rho^i = [(\Delta\boldsymbol{\theta}^i)^T \boldsymbol{y}^i]^{-1}$ としたとき，H^{i+1} は

$$\begin{aligned} H^{i+1} &= \left(I - \rho^i \Delta\boldsymbol{\theta}^i (\boldsymbol{y}^i)^T\right) H^i \left(I - \rho^i \boldsymbol{y}^i (\Delta\boldsymbol{\theta}^i)^T\right) \\ &\quad - \rho^i \Delta\boldsymbol{\theta}^i (\Delta\boldsymbol{\theta}^i)^T \end{aligned} \tag{8.40}$$

で与えられる．ただし，この更新式は $(\Delta\boldsymbol{\theta}^i)^T \boldsymbol{y}^i < 0$ の条件が満たされる場合にのみ有効であることに注意する必要がある．各点でステップ幅を

---

[5] 通常，準ニュートン法は関数を最小化する方法として定式化されることが多いため，以下のアルゴリズムは最適化の教科書などに書かれている方法とは，部分的に正負符号が異なっている．

8.A 数値最適化の手法

式 (8.34) の直線探索で求めている場合には，上の条件は満たされる．もしそうでない場合に，上の条件が満たされない場合には，更新を行わずに $H^{i+1} = H^i$ とする． □

本章では準ニュートン法を用いて最尤推定値の数値計算を行ったが，準ニュートン法を実装する上でのいくつかのコツをまとめておく．

- ステップ幅の選択に関しては，式 (8.34) の直線探索を用いて決めることが望ましいが，この作業は手間になることが多い．ステップ幅の初期値を例えば 1 としておき，次の点で関数の値が大きくなれば次に進み，関数の値が小さくなってしまう場合には適宜ステップ幅を小さくしていくというような荒い方法を用いても，多くの場合はうまくいく．
- パラメータが正の値しかとらないような場合には，準ニュートン法の計算の途中で，そのパラメータが負の領域に入らないようにする必要がある．これを直接実装することもできるが，パラメータを適当に変換して，実数の全範囲を動けるような新しいパラメータを導入する方が効率がよい．このような変数変換を用いることにより計算の安定性が向上することも期待できる．例えば，これは対数変換を用いてパラメータ θ を新たなパラメータ $\theta' = \log \theta$ に変換することで実現できるが，この際には

$$\frac{\partial f}{\partial \theta'} = \theta \frac{\partial f}{\partial \theta} \tag{8.41}$$

  なる関係があるので，新たなパラメータに関する勾配はもとのパラメータに関する勾配から簡単に求めることができる．
- 準ニュートン法を用いる際には，対数尤度関数のパラメータに関する勾配が必要である．勾配ベクトルは多くの場合で解析的に得ることができるが，与えられた対数尤度関数に対して数値的に勾配を求めるルーチンを用意しておくと，新しいモデルを評価してみたいときや，自分で計算した勾配が正しいかをチェックする際に有用であ

る．例えば一変数 θ の関数 $f(\theta)$ の数値微分は，微小な δ に対して

$$\frac{df}{d\theta} \approx \frac{f(\theta+\delta) - f(\theta-\delta)}{2\delta} \tag{8.42}$$

で得られる．より精度のよい方法

$$\frac{df}{d\theta} \approx \frac{-f(\theta+2\delta) + 8f(\theta+\delta) - 8f(\theta-\delta) + f(\theta-2\delta)}{12\delta} \tag{8.43}$$

もある．

付録 8.B　対数尤度関数とその勾配の計算

ここではいくつかの点過程のモデルの対数尤度関数とその勾配をまとめておく．また Hawkes 過程については，それらの効率的な計算方法についての説明を行う．以下では，観察期間は $[0,T]$ とし，データは $\boldsymbol{t}_n = \{t_1, t_2, \ldots, t_n\}$ とする．

8.B.1　非定常ポアソン過程

●指数関数

強度関数が指数関数

$$\lambda(t) = ab\exp(-bt) \tag{8.44}$$

の場合には，対数尤度関数は

$$\log L(a,b|\boldsymbol{t}_n) = \sum_{i=1}^{n}(\log a + \log b - bt_i) - a\left[1 - \exp(-bT)\right] \tag{8.45}$$

であり，その勾配は

$$\frac{\partial}{\partial a}\log L(a,b|\boldsymbol{t}_n) = \frac{n}{a} - [1 - \exp(-bT)] \tag{8.46}$$

$$\frac{\partial}{\partial b}\log L(a,b|\boldsymbol{t}_n) = \sum_{i=1}^{n}\left(\frac{1}{b} - t_i\right) - aT\exp(-bT) \tag{8.47}$$

である． □

●冪関数

強度関数が冪関数
$$\lambda(t) = \frac{K}{(t+c)^p} \tag{8.48}$$
の場合には，対数尤度関数は
$$\log L(K,p,c|\boldsymbol{t}_n) = \sum_{i=1}^{n}\left[\log K - p\log(t_i+c)\right]$$
$$+ \frac{K}{p-1}\left[\frac{1}{(T+c)^{p-1}} - \frac{1}{c^{p-1}}\right] \tag{8.49}$$
である．その勾配は
$$\frac{\partial}{\partial K}\log L(K,p,c|\boldsymbol{t}_n) = \frac{n}{K} + \frac{1}{p-1}\left[\frac{1}{(T+c)^{p-1}} - \frac{1}{c^{p-1}}\right] \tag{8.50}$$
$$\frac{\partial}{\partial p}\log L(K,p,c|\boldsymbol{t}_n) = -\sum_{i=1}^{n}\log(t_i+c)$$
$$-\frac{K}{(p-1)^2}\left[\frac{1}{(T+c)^{p-1}} - \frac{1}{c^{p-1}}\right]$$
$$-\frac{K}{p-1}\left[\frac{\log(T+c)}{(T+c)^{p-1}} - \frac{\log(c)}{c^{p-1}}\right] \tag{8.51}$$
$$\frac{\partial}{\partial c}\log L(K,p,c|\boldsymbol{t}_n) = -\sum_{i=1}^{n}\frac{p}{t_i+c} - K\left[\frac{1}{(T+c)^p} - \frac{1}{c^p}\right] \tag{8.52}$$
である．　　□

8.B.2 Hawkes 過程

●指数関数カーネル

カーネル関数が指数関数
$$g(\tau) = ab\exp(-b\tau) \tag{8.53}$$
の Hawkes 過程を考える．この Hawkes 過程の分枝比は a である．$\boldsymbol{\theta} = \{\mu, a, b\}$ とする．対数尤度関数は

$$\log L(\boldsymbol{\theta}|\boldsymbol{t}_n) = \sum_{i=1}^{n} \log \left[\mu + \sum_{j<i} ab \exp[-b(t_i - t_j)] \right]$$
$$- \left[\mu T + \sum_{i=1}^{n} a[1 - \exp[-b(T - t_i)]] \right] \quad (8.54)$$

である．勾配は，

$$\frac{\partial}{\partial \mu} \log L(\boldsymbol{\theta}|\boldsymbol{t}_n) = \sum_{i=1}^{n} \frac{1}{\lambda_i} - T \quad (8.55)$$

$$\frac{\partial}{\partial a} \log L(\boldsymbol{\theta}|\boldsymbol{t}_n) = \sum_{i=1}^{n} \frac{1}{\lambda_i} \frac{\partial \lambda_i}{\partial a} - \sum_{i=1}^{n} [1 - \exp[-b(T - t_i)]] \quad (8.56)$$

$$\frac{\partial}{\partial a} \log L(\boldsymbol{\theta}|\boldsymbol{t}_n) = \sum_{i=1}^{n} \frac{1}{\lambda_i} \frac{\partial \lambda_i}{\partial b} - \sum_{i=1}^{n} a(T - t_i) \exp[-b(T - t_i)] \quad (8.57)$$

である．ただし，$\lambda_i, \partial \lambda_i/\partial a, \partial \lambda_i/\partial b$ はそれぞれ

$$\lambda_i = \mu + \sum_{j<i} ab \exp[-b(t_i - t_j)] \quad (8.58)$$

$$\frac{\partial \lambda_i}{\partial a} = \sum_{j<i} b \exp[-b(t_i - t_j)] \quad (8.59)$$

$$\frac{\partial \lambda_i}{\partial b} = \sum_{j<i} a \exp[-b(t_i - t_j)][1 - b(t_i - t_j)] \quad (8.60)$$

である．

$\lambda_i, \partial \lambda_i/\partial a, \partial \lambda_i/\partial b$ はそれぞれ，それまでのイベントからの寄与を足し合わせる必要があり，単純に計算を行うと全体でデータ数の2乗に比例する回数の演算が必要になる．しかしながら，以下のように効率的な計算方法が知られている．ここでは

$$G_i = \sum_{j<i} ab \exp[-b(t_i - t_j)] \quad (8.61)$$

とおくと，$G_i, \partial G_i/\partial b$ に関して

8.B 対数尤度関数とその勾配の計算

$$G_{i+1} = (G_i + ab)\exp[-b(t_{i+1} - t_i)] \tag{8.62}$$

$$\frac{\partial G_{i+1}}{\partial b} = \left(\frac{\partial G_i}{\partial b} + a\right)\exp[-b(t_{i+1} - t_i)] - G_{i+1}(t_{i+1} - t_i) \tag{8.63}$$

の漸化式が成立する．ただし，初期値は $G_1 = 0, \partial G_1/\partial b = 0$ である．そのため，$G_i, \partial G_i/\partial b$ は再帰的に計算することができる．その後，

$$\lambda_i = G_i + \mu, \quad \frac{\partial \lambda_i}{\partial a} = \frac{G_i}{a}, \quad \frac{\partial \lambda_i}{\partial b} = \frac{\partial G_i}{\partial b}$$

の関係式を用いてそれぞれを計算すればよい．この工夫により，対数尤度関数およびその勾配はデータ数に比例する回数の演算で計算を行うことができる． □

●冪関数カーネル

カーネル関数が冪関数

$$g(\tau) = \frac{K}{(\tau + c)^p} \tag{8.64}$$

の Hawkes 過程を考える．この Hawkes 過程の分枝比は $p > 1$ のときには

$$\gamma = \frac{Kc^{-p+1}}{p-1} \tag{8.65}$$

であり，$p \leq 1$ のときには発散してしまう．$\boldsymbol{\theta} = \{\mu, K, p, c\}$ とする対数尤度関数は

$$\log L(\boldsymbol{\theta}|\boldsymbol{t}_n) = \sum_{i=1}^{n} \log\left[\mu + \sum_{j<i} \frac{K}{(t_i - t_j + c)^p}\right] \\ - \left[\mu T - \sum_{i=1}^{n} \frac{K}{p-1}\left[\frac{1}{(T - t_i + c)^{p-1}} - \frac{1}{c^{-p+1}}\right]\right] \tag{8.66}$$

である．勾配は

$$\frac{\partial}{\partial \mu} \log L(\boldsymbol{\theta}|\boldsymbol{t}_n) = \sum_{i=1}^{n} \frac{1}{\lambda_i} - T \tag{8.67}$$

$$\frac{\partial}{\partial k} \log L(\boldsymbol{\theta}|\boldsymbol{t}_n) = \sum_{i=1}^{n} \frac{1}{\lambda_i} \frac{\partial \lambda_i}{\partial K} + \sum_{i=1}^{n} \frac{1}{p-1} \left[\frac{1}{(T-t_i+c)^{p-1}} - \frac{1}{c^{p-1}} \right] \tag{8.68}$$

$$\frac{\partial}{\partial p} \log L(\boldsymbol{\theta}|\boldsymbol{t}_n) = \sum_{i=1}^{n} \frac{1}{\lambda_i} \frac{\partial \lambda_i}{\partial p} - \sum_{i=1}^{n} \frac{K}{(p-1)^2} \left[\frac{1}{(T-t_i+c)^{p-1}} - \frac{1}{c^{p-1}} \right]$$
$$- \sum_{i=1}^{n} \frac{K}{p-1} \left[\frac{\log(T-t_i+c)}{(T-t_i+c)^{p-1}} - \frac{\log(c)}{c^{p-1}} \right] \tag{8.69}$$

$$\frac{\partial}{\partial c} \log L(\boldsymbol{\theta}|\boldsymbol{t}_n) = \sum_{i=1}^{n} \frac{1}{\lambda_i} \frac{\partial \lambda_i}{\partial c} - \sum_{i=1}^{n} K \left[\frac{1}{(T-t_i+c)^p} - \frac{1}{c^p} \right] \tag{8.70}$$

である.ただし,$\lambda_i, \partial \lambda_i/\partial K, \partial \lambda_i/\partial p, \partial \lambda_i/\partial c$ はそれぞれ,

$$\lambda_i = \mu + \sum_{j<i} \frac{K}{(t_i - t_j + c)^p} \tag{8.71}$$

$$\frac{\partial \lambda_i}{\partial K} = \sum_{j<i} \frac{1}{(t_i - t_j + c)^p} \tag{8.72}$$

$$\frac{\partial \lambda_i}{\partial p} = \sum_{j<i} \frac{-K \log(t_i - t_j + c)}{(t_i - t_j + c)^p} \tag{8.73}$$

$$\frac{\partial \lambda_i}{\partial c} = \sum_{j<i} \frac{-Kp}{(t_i - t_j + c)^{p+1}} \tag{8.74}$$

である.

指数関数カーネルのときと同様に,$\lambda_i, \partial \lambda_i/\partial K, \partial \lambda_i/\partial p, \partial \lambda_i/\partial c$ に関する計算には,全体でデータ数の2乗に比例する回数の演算が必要になる.そこで,ここでも計算を効率的に行う方法を考える [18]. 以下では,冪関数はガンマ関数 $\Gamma(\cdot)$ を用いて,

$$\frac{K}{(t+c)^p} = \frac{K}{\Gamma(p)} \int_0^\infty x^{p-1} \exp(-cx) \exp(-tx) dx \tag{8.75}$$

と表せるという性質を用いる.この式が成り立つことは,$y=(t+c)x$ の変数変換を行うとガンマ関数の定義式に戻ることから確かめられる.この

式は，冪関数は多数の指数関数の重ね合わせによってよく近似できることを示しており，前項で説明したような再帰的な計算が可能である．以下ではこのことを詳しく解説していく．

まず，

$$G_i = \sum_{j<i} \frac{K}{(t_i - t_j + c)^p} \tag{8.76}$$

とおくと，$\lambda_i, \partial \lambda_i/\partial K, \partial \lambda_i/\partial p, \partial \lambda_i/\partial c$ はそれぞれ

$$\lambda_i = G_i + \mu, \quad \frac{\partial \lambda_i}{\partial K} = \frac{G_i}{K}, \quad \frac{\partial \lambda_i}{\partial p} = \frac{\partial G_i}{\partial p}, \quad \frac{\partial \lambda_i}{\partial c} = \frac{\partial G_i}{\partial c}$$

と計算できる．また，

$$G_i(x) = \sum_{j<i} \exp[-(t_i - t_j)x] \tag{8.77}$$

とすると，G_i と $G_i(x)$ には式 (8.75) より，

$$G_i = \int_0^\infty \frac{Kx^{p-1}\exp(-cx)}{\Gamma(p)} G_i(x) dx \tag{8.78}$$

といった関係があり，さらに $\partial G_i/\partial p$ の $\partial G_i/\partial c$ も，

$$\frac{\partial G_i}{\partial p} = \int_0^\infty \frac{Kx^{p-1}\exp(-cx)}{\Gamma(p)} \left[\log(x) - \frac{\Gamma'(p)}{\Gamma(p)}\right] G_i(x) dx \tag{8.79}$$

$$\frac{\partial G_i}{\partial c} = -\int_0^\infty \frac{Kx^p \exp(-cx)}{\Gamma(p)} G_i(x) dx \tag{8.80}$$

と表される．つまり $G_i, \partial G_i/\partial p, \partial G_i/\partial c$ はいずれも

$$\int_0^\infty H(x) G_i(x) dx \tag{8.81}$$

という形の積分で表されることがわかる．この積分を数値的に計算するために，

$$x = \psi(s) = \exp[s - \exp(-s)] \tag{8.82}$$

の変数変換を用いると，

$$\int_0^\infty H(x)G_i(x)dx = \int_{-\infty}^\infty H(\psi(s))\psi'(s)G_i(\psi(s))ds \qquad (8.83)$$

となる.ここで,$\psi'(s) = \psi(s)[1+\exp(-s)]$ である.このとき,被積分関数は $|s|$ が大きくなると,$\exp[-\exp(|s|)]$ のように非常に早く減衰することが知られており,$|s| > 9$ では被積分関数は 0 と見なしても数値計算上は問題がない.そこで,小さな Δ に対して,積分を離散化することで,

$$\int_{-\infty}^\infty H(\psi(s))\psi'(s)G_i(\psi(s))ds \approx \sum_{l=-9/\Delta}^{9/\Delta} \Delta H(\psi(l\Delta))\psi'(l\Delta)G_i(\psi(l\Delta)) \qquad (8.84)$$

と積分を計算することができる.Δ は $1/8$ または $1/16$ で最尤法を扱う上では問題ない.

また,指数関数カーネルの場合で解説したように,$G_i(x)$ に対しては

$$G_{i+1}(x) = [G_i(x)+1]\exp[-(t_{i+1}-t_i)x] \qquad (8.85)$$

の漸化式が成り立ち,再帰的に求めることができる.よって,$\{G_i(\psi(l\Delta))|l = -9/\Delta, -9/\Delta+1, \ldots, 9/\Delta\}$ をこの漸化式で更新しつつ,各 i で式 (8.84) の数値積分を用いて $G_i, \partial G_i/\partial p, \partial G_i/\partial c$ を式 (8.78),(8.79),(8.80) から計算することで,$\lambda_i, \partial \lambda_i/\partial K, \partial \lambda_i/\partial p, \partial \lambda_i/\partial c$ を得ることができる.この方法により必要な計算回数はデータ数に比例するので,計算が効率的になっていることがわかる.

参考文献

[1] J. H. Ahrens and U. Dieter, "Computer methods for sampling from gamma, beta, poisson and bionomial distributions", *Computing* **12**, 223 (1974).

[2] E. Bacry, I. Mastromatteo, and J. F. Muzy, "Hawkes processes in finance", *Market Microstructure and Liquidity* **1**, 01 (2015).

[3] E. Bacry and J. Muzy, "First- and Second-Order Statistics Characterization of Hawkes Processes and Non-Parametric Estimation", *IEEE Transactions on Information Theory* **62**, 2184 (2016).

[4] E. N. Brown, R. Barbieri, V. Ventura, R. E. Kass, and L. M. Frank, "The time-rescaling theorem and its application to neural spike train data analysis", *Neural Computation* **14**, 325 (2002).

[5] D. R. Cox, "*Renewal theory*", London: Chapman and Hall (1962).

[6] L. Devroye, "*Non-Uniform Random Variate Generation*", Springer (1986).

[7] T. E. Harris, "*The Theory of Branching Processes*", Springer-Verlag (1963).

[8] A. G. Hawkes, "Spectra of some self-exciting and mutually exciting point processes", *Biometrika* **58**, 83 (1971).

[9] A. G. Hawkes and D. Oakes, "A cluster process representation of a self-exciting process", *Journal of Applied Probability* **11**, 493 (1974).

[10] P. A. W Lewis G. S. Shedler, "Simulation of nonhomogeneous poisson processes by thinning", *Naval Research Logistics* **26**, 403 (1979).

[11] B. H. Lindqvist, G. Elvebakk, and K. Heggland, "The trend-renewal process for statistical analysis of repairable systems", *Technometrics* **45**, 16 (2003).

[12] J. R. Michael, W. R. Schucany, and Roy W. Haas, "Generating random variates using transformations with multiple roots", *The American Statistician* **30**, 88 (1976).

[13] G. O. Mohler, M. B. Short, P. J. Brantingham, F. P. Schoenberg, and G. E. Tita, "Self-exciting point process modeling of crime", *Journal of the American Statistical Association* **106**, 100 (2012).

[14] Y. Ogata, "On Lewis' simulation method for point processes", *IEEE Transactions on Information Theory* **27**, 23 (1981).

[15] Y. Ogata, "Statistical models for earthquake occurrences and residual analysis for point processes", *Journal of the American Statistical Association*

83, 9 (1988).

[16] Y. Ogata, "Space-time point-process models for earthquake occurrences", *Annals of the Institute of Statistical Mathematics* **50**, 379 (1998).

[17] Y. Ogata and H. Akaike, "On linear intensity models for mixed doubly stochastic Poisson and self-exciting point processes", *Journal of the Royal Statistical Society. Series B (Methodological)* **44**, 102 (1982).

[18] Y. Ogata, R. S. Matsu'ura, and K. Katsura, "Fast likelihood computation of epidemic type aftershock-sequence model", *Geophysical Reseach Letters* **20**, 2143 (1993).

[19] S. Shinomoto, K. Miura, and S. Koyama, "A measure of local variation of inter-spike intervals", *Biosystems* **79**, 67 (2005).

[20] W. Truccolo, L. R. Hochberg, J. P. Donoghue, "Collective dynamics in human and monkey sensorimotor cortex: Predicting single neuron spikes", *Nature Neuroscience* **13**, 105 (2010).

[21] J. D. Zechar, and R. M. Nadeau, "Predictability of repeating earthquakes near Parkfield, California", *Geophysical Journal International* **190**, 457 (2012)

[22] J. Zhuang, D. Harte, M. J. Werner, S. Hainzl, and S. Zhou, "Basic models of seismicity: temporal models", *Community Online Resource for Statistical Seismicity Analysis (CORSSA)*, 42 (2012).

索　引

【欧字】

elementary renewal theorem, 49
ETAS モデル, 101
Fano 因子, 65
Hawkes 過程, 3, 77
waiting time paradox, 62

【ア行】

赤池情報量規準, 133

一様乱数, 105
イベント間間隔, 4

オーバーフィッティング, 133

【カ行】

確率の積則, 9
確率の和則, 8
確率分布, 5
確率変数の和, 13
確率母関数, 90
確率密度関数, 4, 7
ガンマ分布, 52, 109

棄却法, 107
期待値, 6, 7
逆ガウス分布, 54, 112
逆変換法, 106
強度関数, 17
局所変動係数, 65

繰り返し期待値の法則, 11

計数過程, 2

更新過程, 3, 45
勾配法, 143
コルモゴロフ・スミルノフ検定, 139

【サ行】

再生性, 48
最尤法, 123

時間変換, 31
時間変換定理, 32
時空間モデル, 102
自己相関関数, 44
自己励起過程, 77
指数分布, 27, 52, 108
シミュレーション, 105
準ニュートン法, 144
条件付き確率, 8
条件付き期待値, 11
条件付き強度関数, 37
条件付き分散, 11
条件付き分布, 9
診断解析, 138

正規分布, 111
生存関数, 51, 74

【タ行】

対数正規分布, 55, 112

対数尤度関数, 124
多次元モデル, 103
畳み込み, 14, 47

提案分布, 107
定常更新過程, 56
定常性, 41, 80
定常ポアソン過程, 18

同時確率, 8
同時分布, 8
独立, 9

【ナ行】

ニュートン法, 143

【ハ行】

ハザード関数, 51, 74

非一様ポアソン過程, 29
非定常更新過程, 66
非定常ポアソン過程, 29
標準誤差, 124

複合点過程, 97
複合ポアソン過程, 97
分散, 6, 7
分枝, 84
分枝過程, 84
分枝比, 81

平均強度関数, 41
平均発生率, 43
変数変換, 9

変動係数, 64

ポアソン過程, 3, 17
ポアソン分布, 22

【マ行】

マーク, 93
マーク付き点過程, 3, 93
待ち時間, 5
待ち時間のパラドックス, 62
間引き法, 114

無記憶性, 28

モデル選択, 133
モーメント母関数, 12

【ヤ行】

尤度関数, 123

【ラ行】

ラプラス変換, 13
乱数, 105

離散確率分布, 6

累積分布関数, 106

連続確率分布, 7

【ワ行】

ワイブル分布, 53, 111

〈著者紹介〉

近江崇宏（おおみ　たかひろ）
2012 年　京都大学大学院理学研究科物理学・宇宙物理学専攻博士課程 修了
現　　在　ストックマーク株式会社 Research Manager
　　　　　博士（理学）
専　　門　時系列解析，統計地震学，金融統計学

野村俊一（のむら　しゅんいち）
2012 年　総合研究大学院大学複合科学研究科統計科学専攻博士課程 修了
現　　在　情報・システム研究機構統計数理研究所モデリング研究系 助教
　　　　　博士（統計科学）
専　　門　時系列解析，統計地震学，保険数理

統計学 One Point 14	著　者	近江崇宏　　ⓒ 2019
		野村俊一
点過程の時系列解析	発行者	南條光章
Time Series Analysis for Point Processes	発行所	共立出版株式会社
2019 年 6 月 15 日　初版 1 刷発行		〒112-0006
2022 年 9 月 5 日　初版 3 刷発行		東京都文京区小日向 4-6-19
		電話番号　03-3947-2511（代表）
		振替口座　00110-2-57035
		www.kyoritsu-pub.co.jp
	印　刷	大日本法令印刷
	製　本	協栄製本

一般社団法人
自然科学書協会
会員

検印廃止
NDC 417.6
ISBN 978-4-320-11265-0　　　　　Printed in Japan

|JCOPY| ＜出版者著作権管理機構委託出版物＞
本書の無断複製は著作権法上での例外を除き禁じられています．複製される場合は，そのつど事前に，出版者著作権管理機構（ＴＥＬ：03-5244-5088，ＦＡＸ：03-5244-5089，e-mail：info@jcopy.or.jp）の許諾を得てください．

クロスセクショナル統計シリーズ

照井伸彦・小谷元子
赤間陽二・花輪公雄 [編]

文系から理系まで最新の統計分析を「クロスセクショナル」に紹介。
統計学の基礎から最先端の理論・適用例まで幅広くカバーしながら，その分野固有の事例について丁寧に解説。【各巻：A5判・並製・税込価格】

❶ 数理統計学の基礎
尾畑伸明著
目次：記述統計／初等確率論／確率変数と確率分布／確率変数列／基本的な確率分布／大数の法則と中心極限定理／母数の推定／仮説検定／付表／略解／参考文献／索引
304頁・定価2,750円・ISBN978-4-320-11118-9

❷ 政治の統計分析
河村和徳著
目次：統計分析を行う前の準備／世論調査／記述統計とグラフ表現／平均値を用いた検定／相関分析と単回帰分析／重回帰分析／ロジスティック回帰分析／主成分分析／他
180頁・定価2,750円・ISBN978-4-320-11119-6

❸ ゲノム医学のための遺伝統計学
田宮 元・植木優夫・小森 理著
目次：ヒトゲノムを形作った諸力／人類の進化の歴史と集団サイズ／人類の突然変異荷重／SNP・HapMapからNGS解析／他
264頁・定価3,300円・ISBN978-4-320-11117-2

❹ ここから始める言語学プラス統計分析
小泉政利編著
目次：言語知識の内容を探る（形態論他）／言語処理機構の性質を探る（言語産出他）／統計分析の手法に親しむ（統計の考え方他）／他
360頁・定価4,290円・ISBN978-4-320-11120-2

❺ 行動科学の統計学
社会調査のデータ分析
永吉希久子著
目次：行動科学における社会調査データ分析／記述統計量／母集団と標本／仮説と統計的検定／クロス集計表／平均の差の検定／他
392頁・定価4,290円・ISBN978-4-320-11121-9

❻ 保険と金融の数理
室井芳史著
目次：保険数学で用いられる確率分布／マルコフ連鎖／ランダム・ウォークと確率微分方程式／保険料算出原理／生命保険の数学／破産理論／参考文献／索引
226頁・定価3,300円・ISBN978-4-320-11122-6

❼ 天体画像の誤差と統計解析
市川 隆・田中幹人著
目次：統計と誤差の基本／確率変数と確率分布／推定と検定／パラメータの最尤推定／パラメータのベイズ推定／天体画像の誤差／付録／参考文献／索引
200頁・定価3,300円・ISBN978-4-320-11124-0

❽ 画像処理の統計モデリング
確率的グラフィカルモデルとスパースモデリングからのアプローチ
片岡 駿・大関真之・安田宗樹・田中和之著
目次：統計的機械学習の基礎／ガウシアングラフィカルモデルの統計的機械学習理論／他
262頁・定価3,520円・ISBN978-4-320-11123-3

❾ こころを科学する
心理学と統計学のコラボレーション
大渕憲一編著
目次：心の持ち方は，健康と寿命に影響するのか／心の特性から社会的成功を予測できるか／自由意志はどこまで自由か／他
246頁・定価3,630円・ISBN978-4-320-11125-7

❿ データ同化流体科学
流動現象のデジタルツイン
大林 茂・三坂孝志・加藤博司・菊地亮太著
目次：基礎編（流体工学とデータ同化／データ同化理論の導入／他）／応用編（計測システムの改善／乱流モデルの高度化／他）
272頁・定価3,630円・ISBN978-4-320-11126-4

（価格は変更される場合がございます）

共立出版

www.kyoritsu-pub.co.jp
https://www.facebook.com/kyoritsu.pub